ここまでできる
自衛隊

国際法・憲法・自衛隊法ではこうなっている

国際法・防衛法制研究者
軍事ライター
稲葉義泰

はじめに

これまで、自衛隊に関する本というと、大体は戦車や戦闘機、護衛艦といった装備品をメインに扱うものが多く、それ以外のものでも、たとえば自衛隊の組織や人などにクローズアップしたものが多かったのではないかと思います。

しかし、この本で取り扱うのは主に「法」です。そういわれると「なんだか難しそうだなぁ……」と思われる方もいらっしゃるかもしれません。たしかに、自衛隊に関係する法は複雑なものばかりです。日本国憲法に始まり、防衛省設置法や自衛隊法、さらには国連憲章をはじめとする国際法などなど……。挙げだすときりがありません。

しかし、自衛隊の活動や日本の安全保障について理解するためには、法が分かっていなければなりません。なぜなら、法の規定がなければ自衛隊は動けないからです。そもそも、自衛隊とはこういう組織でこういうことができると規定しているのも法ですから、自衛隊という組織そのものを理解するためには、やはり法について理解することが必要不可欠なのです。

そうはいっても、やはり法と聞くと難しそうで拒否反応が出てしまうという方もいらっしゃることでしょう。そこで、この本では具体的な事例をもとに、「自衛隊はこういう時にこういうことができる」と分かりやすく解説しています。法について勉強する時に一番問題となるのが、「自分は今何を勉強しているのか分からなくなる」ことだと私は考えています。つまり、具体的な事例に当てはめて勉強しないと、どうしても実感がわかないのです。だからこそ、この本では事例解説にこだわっています。

さらに、この本が扱うのはそれだけではありません。まず、第一章で憲法と国際法について解説し、第二章で自衛隊の任務や組織など、自衛隊に関するさまざまポイントを整理し、第三章では事例をベースに自衛隊に関する法律を解説し、そして第四章ではこれからの自衛隊の在り方などについて、それぞれ詳しく解説しています。

どうか、法の話は難しいという先入観を捨てて、法から見える自衛隊の姿というものを覗き込んでみてください。

二〇二〇年九月

稲葉　義泰

目次

第一章

全ては「法」で定められている！

1-1 国際法が禁じている「武力の行使」って何？

なぜ禁じられている武力が行使されるのか？

みなさんは、むしゃくしゃしているからといって街中を歩いている人に突然暴力をふるおうとは思いませんよね。それはなぜでしょう？

もちろん、人としてそんなことをやってはいけないのだという理性によるストップがかかる、つまり常識的に考えてそんなことはやってはいけないということを理解しているからということもありますが、しかしもう一つの大きな理由として、「それが犯罪だから」ということが挙げられますよね。人を殴ったり蹴ったりすれば、それは立派な暴行罪（刑法第二〇八条）に該当します。

それと同じように、現在の国際社会では、国家と国家との関係を規律する法である国際法上、どこかの国に対して武力（一般的には軍事力）を行使することは原則として禁じられています。しかし、日本には自衛隊がありますし、アメリカをはじめ世界各国には当然のように軍隊が組織されていますよね。そして何より、一九九一年の湾岸戦争や二〇〇一年のアフガニスタン攻撃など、実際に軍事力が行使された事例も少なくありません。

それではなぜ、国際法で禁止されているはずの武力が行使されたり、そのための軍隊が組織されたりしているのでしょうか。これを理解するためには、武力の規制に関する国際法がどのように発展してきたのかを順を追って理解する必要があります。

国際法はこうして「武力行使」を違法化した

国家が武力を行使することを法的に規制しようという試みは、(1)正しい理由に基づく戦争のみが許されるという正戦論が説かれた時代(2)国家には、他国との争いごとを解決するために「戦争に訴える権利がある」と考えられるようになった時代(3)戦争を違法化した時代（4）武力の行使を違法化した時代 に分けることができます。

■（1）正戦論が説かれた時代

人類の歴史はまさに争いの歴史といっても過言ではありません。文明が誕生して以来、人々が集まるところには常にどこかで大なり小なり争いごとが起きてきました。その最たるものが、国と国同士が武力によってぶつかり合う戦争です。

その一方で、この戦争をいかにして規制するかという問題は、古くは古代ギリシャや古代ローマ時代の哲学者や政治家、さらには中世の神学者など、多くの人々によって取り組まれてきました。彼らが説いたのは、戦争を正しいものと不正なものとに分け、この中で正しい戦争のみが許されるという考え方で、これを「**正戦論**」といいます。

その後、この正戦論をさらに発展させたのが、国際法の父とも称される十七世紀の法学者フーゴ・グロティウスです。彼は、その著書『戦争と平和の法』において、正しい戦争とは、①防衛、②奪われた財産の回復、③処罰という三つの正しい理由（正当因）によって開始されるものであると説きました。

しかし、十八世紀以降、この正戦論には時代の流れに伴うある問題が浮上してきます。そして、それが次に見る（2）の考えに至る原因となるのです。

■（2）「戦争をするのは国家の自由だ」と考えられるようになった時代

十七世紀に入って、ヨーロッパでは一六一八年から一六四八年まで続いた三十年戦争と、その講和条約であるウェストファリア条約によって、十五世紀ごろからみられた「**主権国家**」という概念が確立されます。これは、分かりやすく言えば「ある一定の領域内のことは、そこを支配する君主が一元的に決めることができる」というものです。

そして、問題はこの主権国家同士はお互いに平等な関係にあるため、これらに優越する存在が当時の国際社会にはなかったという点です。

■ 正戦論はなぜ破綻したの？

（1）「正戦論が説かれた時代」で見たとおり、正戦論は戦争を始めるにあたって正当な原因を持っている側が起こすものが正しい戦争という風に整理されます。

しかし、主権国家に優越する存在がない、言い換えればそれが正しいかどうかを決める審判役が存在しない以上、戦争を始めるにあたってそれぞれの国が「自分が正しい」と主張することが可能となってしまい、結局正戦論という考えそのものが破綻していくことになってしまったのです。

そこで登場したのが、「国家が戦争を始めることは合法であり、自由である」という考えで、ひとたび戦争がはじまると、それが正当かどうかを問うことなく、お互いの国同士が差別なく平等に扱われるというものです。日本では一般的にこれを「**無差別戦争観**」といいます。

二（3）戦争を違法化した時代

このように、一八世紀から二十世紀はじめにかけて、戦争を始めること自体は国際法上違法ではなく、あくまでも国家が持つ権利の一つであり、合法とされていました。

しかし、一九一四年に勃発した第一次世界大戦によってもたらされた未曽有の被害を受けて、国際社会において徐々に戦争を行うことを制限したり、違法化したりするための努力が進められることとなりました。その成果の一つが、一九二九年に発効した「**不戦条約**」です。その第一条には、次のように定められています。

「締約国は国際紛争解決の為戦争に訴うることを非とし且其の相互関係に於て国家の政策の手段としての戦争を抛棄することを其の各自の人民の名に於て厳粛に宣言する（締約国は、国際紛争を解決するために戦争をすることをせず、かつその相互関係において国家の政策の手段としての戦争を放棄することを、その各自の人民の名において厳粛に宣言する）」

しかし、この不戦条約では上記のように「戦争」という言葉を用いたために、この条約においては「**国際法上の戦争**」が禁止されただけで、それに至らない「**武力の行使**」は禁止されていないという誤った解釈が生み出されてしまいました。

■国際法上の戦争とは

ここでいう国際法上の戦争とは、宣戦布告や最後通牒といった方法を用いて相手国に戦争を開始することを明示的に伝えることや、あるいは国交の断絶といった黙示的な方法によって開始される国家間の武力を用いた争いを指します。たとえば、戦争を始めるためのルールを定めるために一九一〇年に結ばれた「**開戦に関する条約**」第一条には、次のように定められています。

「締約国は理由を附したる開戦宣言の形式又は条件附開戦宣言を含む最後通牒の形式を有する明瞭且事前の通告なくして其の相互間に戦争を開始すべからざることを承認す（締約国は、理由を添えた開戦宣言の形式または条件付きの開戦宣言を含む最後通牒の形式をもつ明瞭かつ事前の通告なしに、相互間に戦争を開始しないことを承認する）」

ですから、国際法上の戦争とは、宣戦布告や最後通牒、国交の断絶という形式によって開始される国家間の武力を用いた争いのことを指します。分かりやすく言えば、友達同士で「今からケンカするぞ」とか、「俺とお前は絶交だ」というやり取りをしてから行われるケンカということです。

つまりそれをすることなく武力を行使すれば、それは不戦条約で禁じられた戦争ではない、ということです。

これを先ほどのケンカの例でたとえてみると、「今からケンカをするぞ」とか「お前と絶交してやる」というやり取りをしないで、相手にいきなり殴りかかるというようなイメージです。こうした理屈で、たとえば日本が起こした満州事変のような、いわゆる「**事実上の戦争**（**実質的意味の戦争**）」が引き起こされていったのです。

（4）武力の行使を違法化した時代

その結果、人類は第二次世界大戦というまさしく世界規模の戦争を経験することとなり、国家が武力を行使することに対するさらに強固な規制を設けることにしました。

それが、国際連合（国連）の基本文書であり、国連加盟国の権利や義務、さらに国際社会の諸原則について定めている**国連憲章**の第二条四項の規定です。

「すべての加盟国は、その国際関係において、武力による威嚇又は武力の行使を、いかなる国の領土保全又は政治的独立に対するものも、また、国際連合の目的と両立しない他のいかなる方法によるものも慎まなければならない」

■国連憲章の特徴とは？

この規定で注目すべきは、条文中に「戦争」という言葉を用いず、代わりに「**武力による威嚇又は武力の行使**」という表現を用いている点です。これは、不戦条約の抜け穴として用いられた「戦争に至らない武力行使」をも禁止するために、広く国家による武力の行使やその威嚇を禁じることを目的としているためです。

もっと分かりやすく言えば、「ケンカだけじゃなくて、そもそも暴力をふるうこと自体をやめよう」ということです。また、ここでいう「武力」には、たとえば経済的な圧力なども含まれるのかが議論になったこともありましたが、一般的にはここでいう武力とはもっぱら「軍事力」ないし「物理的な力」を指すものと認識されています。

こうして、国際社会は二度の世界大戦を経てついに武力行使の違法化（武力行使禁止原則の確立）を成し遂げたのです。

武力行使違法化の例外とは？

これまで見てきたように、国際社会は二度の世界大戦を経て、ついに武力の行使の違法化を成し遂げました。

しかし、冒頭で説明したように、たとえば一九九一年には湾岸戦争が勃発していますし、二〇〇一年にはアメリカを中心とする有志連合がアフガニスタンを攻撃しています。武力の行使が禁止されているならば、なぜこのようなことが許されるのでしょうか？　それは、武力行使の禁止には例外が存在するためです。

■ 例外（1）　国連による集団安全保障措置

第一の例外は、国連による**集団安全保障措置**の実施です。そもそも国連憲章では、国家間の争いについては原則的に話し合いといった平和的手段で解決することを求めています（国連憲章第六章）。

しかし、それが上手くいかず、結果的に武力の行使を伴うような国際社会の平和が脅かされる事態が発生した場合には、国連がこの争いを解決するために立ち上がるという仕組みが設けられています。これが集団安全保障措置です。

集団安全保障措置は、まず国際の平和と安全について主要な責任を負っている国連安全保障理事会（国連安保理）が、**「平和に対する脅威」「平和の破壊」または「侵略行為」**のいずれかの存在を決定するところからスタートします（国連憲章第三十九条）。

続いて、この事態を引き起こしている国に対して、国連加盟国による経済活動や外交関係の停止などいわゆる**「非軍事的措置」**をとり（国連憲章第四十一条）、それでも効果が不十分であるときには、軍事力の使用を伴う**「軍事的措置」**へと移行することになります（国連憲章第四十二条）。ちなみに、この軍事的措置の手段として当初想定されていたのが、有名な**「国連軍」**です。

しかし、正式な意味での国連軍は国連憲章が制定されて以来一度たりとも組織されたことはありません。

その代わりに、冷戦終結以降は国連安保理が加盟国に対して武力行使を**「許可（授権）」**することによって、加盟国が有志国を募って事態に対処するという動きがみられるようになりました。たとえば、湾岸戦争でアメリカが主導した**多国籍軍**などがこれにあたります。

■ 例外（2） 自衛権の行使

第二の例外は、国家がどこかの国などから武力攻撃を受けた際に自国を防衛するための権利である「**自衛権**」の行使です。この自衛権については、国連憲章第五十一条において次のように規定されています。

▼国連憲章第五十一条

「この憲章のいかなる規定も、国際連合加盟国に対して武力攻撃が発生した場合には、安全保障理事会が国際の平和及び安全の維持に必要な措置をとるまでの間、個別的又は集団的自衛の固有の権利を害するものではない。

この自衛権の行使に当って加盟国がとった措置は、直ちに安全保障理事会に報告しなければならない。また、この措置は、安全保障理事会が国際の平和及び安全の維持または回復のために必要と認める行動をいつでもとるこの憲章に基く権能及び責任に対しては、いかなる影響も及ぼすものではない。」

二 自衛権を行使するための要件

自衛権の行使についてはいくつかの要件があります。

■①武力攻撃の発生

第一に、自衛権を行使するためには「**武力攻撃**」が発生していなければなりません。

武力攻撃とは、武力行使の「最も重大な形態」とされるもので、どのようなレベルの武力行使がこれにあたるかについては、一般的にはその武力行使の「規模および効果」、つまりその武力行使がどれくらいのレベルなのかを基準とするという考えが示されています。つまり、武力行使と武力攻撃の間には質的な差があるわけではなく、「規模および効果」に基づくレベルの差があるに過ぎないということです。

分かりやすく言い換えるならば、同じパンチでも弱パンチならば「武力の行使」で、強パンチならば「武力攻撃」ということです。

■②安保理が必要な措置をとるまでの間にのみ認められる

第二に、自衛権は「**安全保障理事会が国際の平和及び安全の維持に必要な措置をとるまでの間**」にのみ行使が認められます。この「必要な措置」の具体的な内容については第五十一条に明記されてはいませんが、一般的には停戦や武力行使の中止を求める安保理決議などがこれに該当するとされています。

■③安保理への報告義務

第三に、武力攻撃の被害国は、自国が自衛権に基づいてとった措置を直ちに国連安保理に報告しなければなりません。

この**報告義務**は、国連安保理が現在進行形で発生している事態へ効果的に対応する機会を与えるとともに、被害国が主張する自衛権行使の中身や在り方についても精査する機会を与えることによって、国連安保理による事態の収拾を可能にし、それによって最終的には軍事力の行使を安保理のもとに一元化することを意図したものです。

■④「必要性」「均衡性」原則の遵守

そして第四に、自衛権の行使に際しては、自衛権の行使以外に当該事態に対処するために他に適当な手段がないことを求める「**必要性**」と、敵の攻撃を撃退し、相手からのこれ以上の攻撃をとどめるという自衛権行使の目的を達成することと、自国が自衛権の行使によって相手国に与えた有害な効果とが釣り合っていることを求める「**均衡性**」という二つの要件を遵守する必要があります。

個別的自衛権と集団的自衛権って何が違うの？

自衛権には二つの種類があります。**個別的自衛権と集団的自衛権**です。この二つの用語は、二〇一五年の平和安全法制が国会で議論された際にニュースや新聞などで連日のように取り上げられたため、覚えていらっしゃる方も多いのではないでしょうか。

簡単に言えば、個別的自衛権とは、自国に対する武力攻撃に対応するための自衛権で、集団的自衛権とは、他国に対する武力攻撃に、その国からの要請を受けて対応する自衛権というふうに整理できます。分かりやすくするために、学校のあるクラス内での出来事でこれを置き換えてみましょう。

昼休みに教室内で遊んでいたA君は、肩がぶつかったことでもともとあまり仲が良くなかったB君と口論になりました。すると、B君がいきなり殴りかかってきたため、A君がこれに応戦しました。これが個別的自衛権です。

しかし、よく考えてみるとケンカの強さに定評のあるB君相手に一人で挑むのはやはり無謀と考えたA君は、周囲に助けを求め、それを聞いた友達のC君とD君が応援に駆け付けました。これが集団的自衛権です。

ちなみに、二〇〇一年のアメリカ同時多発テロ後にアメリカがアフガニスタンを攻撃した際に、アメリカは個別的自衛権、そしてアメリカと共にこの攻撃に参加した「北大西洋条約機構（NATO）」各国は集団的自衛権をそれぞれ行使しました。

図1-1　個別的自衛権と集団的自衛権

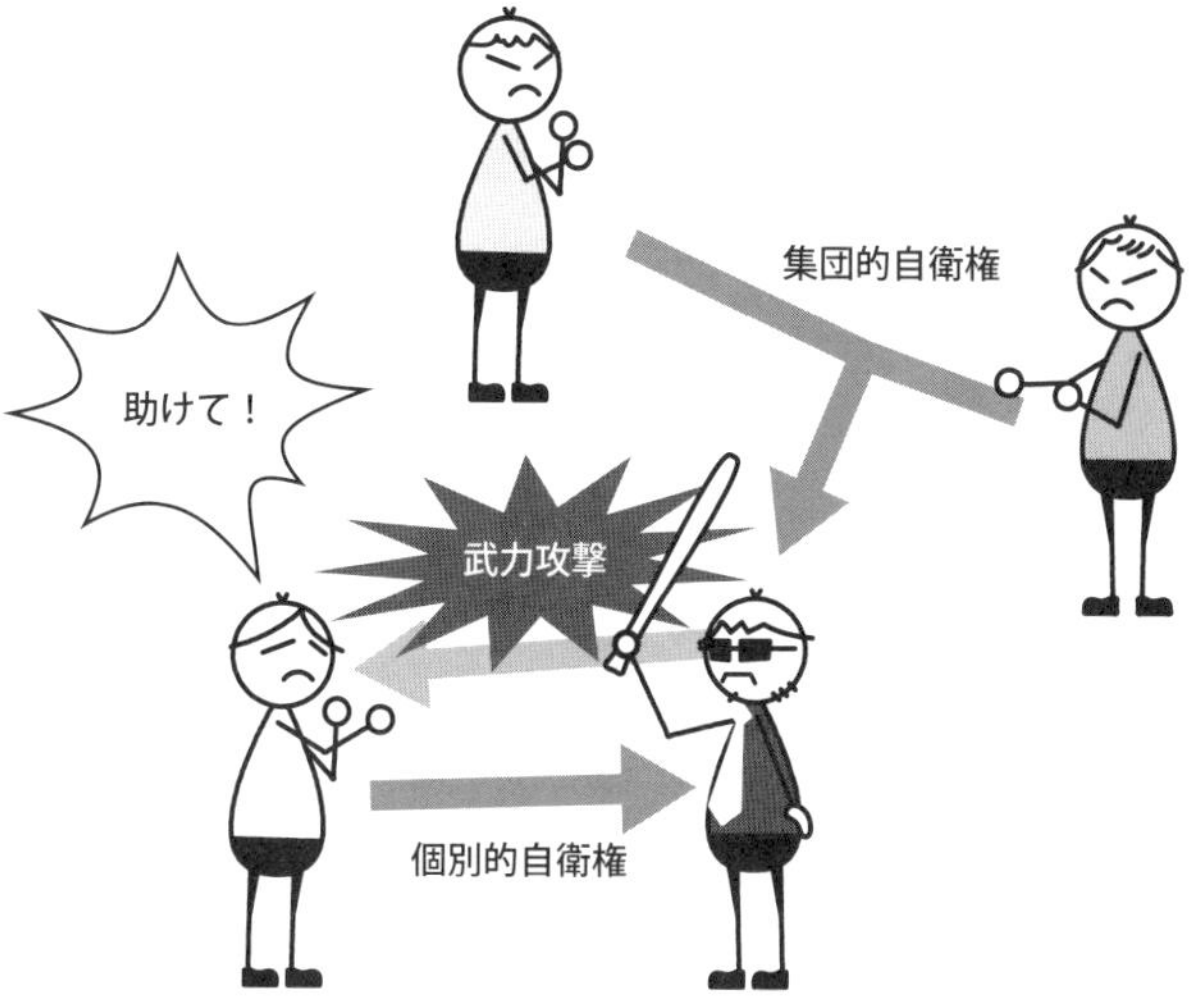

1-2 「自衛隊は憲法違反」って、どういうことなの？

▼日本国憲法第九条

一項　日本国民は、正義と秩序を基調とする国際平和を誠実に希求し、国権の発動たる戦争と、武力による威嚇又は武力の行使は、国際紛争を解決する手段としては、永久にこれを放棄する。
二項　前項の目的を達するため、陸海空軍その他の戦力は、これを保持しない。国の交戦権は、これを認めない。

みなさんは、自衛隊に関する報道のなかで「憲法第九条」という言葉を耳にすること、多くありませんか？　自衛隊が憲法に違反する！　とか、そうじゃない！　合憲だ！　とか、そんな話を最近新聞やテレビで取り上げられる機会も多くなってきました。

でも、実際に憲法九条の内容や、そこからなぜ自衛隊の存在が問題になるのかということを詳しく説明してくれる機会は、そこまで多くはない印象を覚えます。そこで、この章ではそもそも憲法第九条はどういう内容なのか、その解釈に関する議論がどのように行われてきたのか、そしてそれと自衛隊の存在とはどのように関わっているのかを解説していきます。

第九条には何が書いてあるの？

日本国憲法には三つの基本理念と呼ばれるものがあります。それが、**国民主権、基本的人権の尊重、そして平和主義**です。

なかでも平和主義は、日本のみならずアジア太平洋地域に深い傷跡を残した太平洋戦争と、それを引き起こした日本の軍国主義への深い反省、天皇制の存続と日本の武装解除という日米政府間の思惑の一致、そして何より終戦を迎えて平和を心から願う日本国民の強い思いが組み合わさって生まれた、非常に意義深いものです。その平和主義を具現化しているのが、本章で見ていく第九条の規定です。

それでは、一体この第九条にはどんなことが書いてあるのか、それを理解するためにも、冒頭に引き続いて第九条をもう一度読んでみましょう。

> 一項　日本国民は、正義と秩序を基調とする国際平和を誠実に希求し、国権の発動たる戦争と、武力による威嚇又は武力の行使は、国際紛争を解決する手段としては、永久にこれを放棄する。
> 二項　前項の目的を達するため、陸海空軍その他の戦力は、これを保持しない。国の交戦権は、これを認めない。

これをもっと分かりやすい言葉にすると、こうなります。

> 一項　日本国民は、正義と秩序を基本とする国際平和を心から強く願い求め、国家

などとの間の争いを解決する手段としては、戦争と武力による威嚇または武力の行使を永久に放棄する。

二項　一項の目的を達成するために、日本は陸海空軍その他の戦力を持たない。日本は交戦権を持たない。

どうでしょう、一見したところ第九条の規定は非常にシンプルなものにみえますよね。ですが、実際にはこの規定の中の用語や解釈をめぐって長らく争いが続いている非常に複雑な存在なのです。さて、憲法九条の条文を分かりやすく言いかえてみましたが、依然として難しい言葉が並んでいます。次は、これらの言葉の意味をそれぞれ整理していきましょう。

■（1）国権の発動たる戦争（戦争）

第一項にある「**国権の発動たる戦争**」とは、言いかえれば「国家の権利の発動としての戦争」であって、つまりこの前の国際法の戦争違法化の項で確認した国際法上の戦争（形式的意味の戦争）を意味しています。

(2) 武力による威嚇又は武力の行使

第一項で戦争に続いて規定されている「**武力による威嚇又は武力の行使**」とは、戦争の形式に基づかないで行われる武力の行使や、現実にはまだ武力を行使していないけれども、自国の主張や要求を受け入れなければ武力を行使するぞという意思や態度を示すことによって相手国を威嚇することを指します。つまり前の項で確認した、戦争違法化の歴史の中で出てきた武力の行使やその威嚇と同じ意味です。

(3) 陸海空軍その他の戦力

第二項に規定されている**戦力**という言葉をめぐっては、憲法学における学説の多数説と日本政府の見解とが対立しています。まず、学説において多数を占めている戦力の解釈は、「**軍隊あるいは有事の際にこれに転化できるレベルの実力部隊を指す**」というものです。

ここでいう軍隊とは、外国の軍隊が自国に攻め込んできた際にこれを排除し、自国を防衛することを目的とした組織のことです。よりシンプルに言えば、軍隊と聞いてみなさんがおおよそイメージするような組織と考えていただければ大丈夫です。そのため、国内の治安を維持することを目的とし、その実力の内容、つまり装備や編成さらに訓練内容がまるで異なる警察は、戦力とは明確に区別されます。

一方で、日本政府は戦力を**「憲法上認められる自衛のための必要最小限のレベルを超える実力」**と解釈しています。この解釈の根底にあるのは、国家には自国を防衛するための権利である「自衛権」があるという考えです。つまり、たとえ戦争を放棄した憲法九条といえども、この自衛権までをも否定しているわけではないため、どこかの国が攻め込んできた際に日本を防衛するための必要最小限度の実力を持つことは憲法上認められるというわけです。

そのため、第二項に規定されている戦力とは、この必要最小限度の実力を超えるものという解釈が成り立つというのが日本政府の考えです。これに関しては、このあと説明する自衛隊と憲法との関係に関する議論の中心となりますので、詳しい説明はそこで行うことにしましょう。

（4）交戦権

交戦権という言葉に関しても、大きく分けて三つの解釈が存在します。

一つは、読んで字のごとく「**戦いを交える権利そのもの**」と捉える解釈です。この解釈に従えば、日本は戦う権利を一切放棄したことになります。しかし、日本政府の交戦権に関する解釈はそうではありません。

日本政府によれば、交戦権とは「**戦争で戦っている国同士が国際法上有しているさまざまな権利の総称**」を意味しています。その昔、国家には戦争に際してさまざまな権利が与えられていました。たとえば、相手の国の兵士を殺傷したり、あるいは敵国の領土を占領したりするという権利です。そうしたさまざまな権利をまとめて交戦権と呼んでいるわけです。

そして、三つ目の解釈は、この上記の両方を合わせたもの、つまり、「**戦争をする権利**」

と「**戦っている国同士がもっているさまざまな権利の総称**」を両方合わせ持つものが交戦権である、というものです。

自衛隊と第九条の関係

第九条が、戦争や武力による威嚇又は武力の行使を第一項で放棄し、陸海空軍その他の戦力と交戦権を第二項で放棄することを定めた規定であるということはご理解いただけたと思います。

しかし、そうなると気になるのは「何で自衛隊は憲法違反ではないの？」という点です。たしかに自衛隊は戦車や戦闘機を持っていて、他国の軍隊と比べても決して見劣りしない実力を備えています。

一体、第九条と自衛隊はどのような関係にあるのでしょうか。順を追って説明していきたいと思います。

二（1）第九条と自衛権

自衛隊が存在する目的は外国から攻撃を受けた際に日本を防衛することですが、それは日本が自国を防衛する権利である自衛権を有しているということが前提となっています。そこで、まず確認しなくてはならないのは、そもそも第九条のもとで日本には自衛権が存在するのかという点です。

■ ①日本政府の見解

まず、日本政府の見解は当然ですが自衛権の存在を肯定するものです。たとえば、昭和二十九年（一九五四年）十二月二十二日に、当時の大村清一防衛庁長官は国会で次のように答弁しています。

> 「憲法は自衛権を否定していない。自衛権は国が独立国である以上、その国が当然に保有する権利である。憲法はこれを否定していない。従って現行憲法のもとで、わが国が自衛権を持っていることはきわめて明白である」

■②学説の見解

また、第九条の条文解釈について政府と異なる見解を示している憲法学上の学説においても、第九条は自衛権を放棄したとまでは言えず、その存在を肯定するという解釈が通説となっています。

■③最高裁判所の見解

さらに、憲法の解釈を最終的に確定する権限を持つ最高裁判所も、自衛権の存在を肯定する判決を下しています。有名な砂川事件判決です。

> 「同条（第九条）は、同条にいわゆる戦争を放棄し、いわゆる戦力の保持を禁止しているのであるが、しかしもちろんこれによりわが国が主権国として持つ固有の自衛権は何ら否定されたものではなく、わが憲法の平和主義は決して無防備、無抵抗を定めたものではないのである。憲法前文にも明らかなように、われら日本国民は、平和を維持し、専制と隷従、圧迫と偏狭を地上から永遠に除去しようとつとめている国際社会において、名誉ある地位を占めることを願い、全世界の国民と共にひと

しく恐怖と欠乏から免かれ、平和のうちに生存する権利を有することを確認するのである。しからば、わが国が、自国の平和と安全を維持しその存立を全うするために必要な自衛のための措置をとりうることは、国家固有の権能の行使として当然のことといわなければならない」

つまり、政府も、学説も、そして最高裁判所も、第九条の下においても自衛権は存在すると認めているわけです。

(2) 自衛権の中身

しかし、日本が自衛権を持っていると政府と学説がそれぞれ認めているとはいえ、その中身にはそれぞれ大きな隔たりがあります。そして、これが自衛隊の存在を考えるうえでも重要なポイントとなるのです。

■ ①憲法学における通説

まず、学説の通説は、日本には確かに自衛権が存在するが、それはあくまでも武力に頼らない方法によって行使されるものであるという考えで、いわゆる**「武力なき自衛権」論**と呼ばれるものです。

これには、先ほど確認した戦力に関する学説の解釈が深く関わっています。いくら自衛権が認められているといえども、第九条二項では戦力の不保持が規定されています。ここでいう戦力とは、学説上の通説ではいわゆる軍隊を指すと解釈されていますので、自衛権に関してはこの戦力以外の方法、つまり武力を伴わない方法によって行使することが許されるという解釈が導き出されるというわけです。

具体的には、戦力とは明確に区別される警察力の行使や、外交交渉による紛争の未然回避、さらには人々が武器をとって敵に立ち向かう群民蜂起などが想定されています。そのため、現在の自衛隊の装備や能力を考えると、これは第九条によって保有することが禁じられている戦力にあたるため、自衛隊は憲法違反である、という主張がなされるわけです。

■「武力なき自衛権論」の問題点

しかし、警察とは国内の治安維持を目的とする組織ですから他国の軍隊と戦う能力など備えていませんし、外交交渉で紛争を未然に回避できるのであればそれに越したことはありませんが、もしそれが失敗に終わった場合のバックアッププランが用意されていないというのは非常に不安です。そして何よりも、それまで何らの訓練も受けたことが無い人々が武器をとって敵の軍隊に立ち向かう群民蜂起が一体どのような結果を招くことになるか、想像しただけでも恐ろしいですよね。

■ ②日本政府の見解

一方で、日本政府はこうした学説とは全く異なる見解を示しています。それが、いわゆる「**自衛力**」論です。そもそも、自衛権というのは国際法上他国からの軍事攻撃（武力攻撃）に対して、自国を防衛するための権利ですから、そこには当然に軍事力の行使がセットとなっています。

この点に着目して「戦力を放棄した日本は事実上自衛権も放棄したのではないか」とする考えも主張されていますが、日本政府は先ほども見たように日本にも自衛権はあるという立場をとっています。

そこで、自衛権の行使としての必要最小限度の実力（自衛力）を行使することは憲法上認められており、第九条二項にいう「戦力」を「自衛のための必要最小限度を超える実力」と解釈することで、自衛隊は憲法違反ではないという論理を組み立てたのです。

たとえば、昭和五十五年（一九八〇年）十二月五日、日本政府の第九条解釈について問われた当時の鈴木善幸総理大臣は次のように答えています。

> 「憲法第九条第一項は、独立国家に固有の自衛権までも否定する趣旨のものではなく、自衛のための必要最小限度の武力を行使することは認められているところであると解している。政府としては、このような見解を従来から一貫して採ってきているところである（中略）我が国が自衛のための必要最小限度の実力を保持することは、憲法第九条の禁止するところではない。自衛隊は、我が国を防衛するための必要最小限度の実力組織であるから憲法に違反するものでないことはいうまでもない」。

■「必要最小限度」ってどこまでなの?

ここで問題となるのは、一体どのような自衛力がこの必要最小限度の範囲に収まるのかという点です。

これについて日本政府は、その具体的な限度は基本的にはそのときどきの国際情勢や科学技術の進歩、そしてそれにともなう軍事技術のレベルの変化といったさまざまな条件によって変化する相対的なものであるとしています。つまり、相手国の軍事力のレベルといったさまざまな条件の変化に合わせて、必要最小限度の範囲も変化するということです。

■絶対に保有が許されない「攻撃的兵器」

しかし、いかなる場合であっても、その性能上相手国を壊滅的に破壊するためにのみ用いられる兵器である「**攻撃的兵器**」を保有することは、もしかしたら日本が侵略してくるのではないかという脅威を他国に与えてしまうものであって、必要最小限度の範囲を超えてしまうものであるため、禁止されているという立場を日本政府は一貫して表明しています。

この攻撃的兵器の具体例については、たとえば大陸間弾道ミサイル（ＩＣＢＭ）や長大な航続距離を誇る長距離戦略爆撃機、さらに非常に強力な破壊力を有する爆弾を搭載して地上の目標を攻撃するための軍用機である攻撃機を多数運用する**攻撃型空母**などが挙げられています。

■「必要最小限度」はあいまいではないの？

ところで、日本政府によるこの必要最小限度の考えについて、それが国際情勢や軍事技術のレベルといったさまざまな条件によって変化するという内容では、一体何が戦力にあたるかどうかの基準としてあまりにもあいまいかつ流動的ではないか、という批判を加えることもできるかもしれません。

しかし、たとえばあなたが山登りに行くとして、そのための必要最小限度の装備を準備するにしても、そこが極寒の雪山なのか、それとも初夏のハイキングコースなのかで、そのレベルは当然変化しますよね。それと同じように、他国の軍事力のレベルや国際情勢を含めたさまざまな条件に合わせて必要最小限度の範囲も変化するという考えは、きわめて合理的といえます。

結局のところ、何が必要最小限度を超えるかというのは、毎年度ごとの防衛予算を国会で審議、可決するというプロセスの中で判断するしかないというのが現状といえるでしょう。

（3）日本が武力を行使できる要件とは？

日本が自衛権に基づく武力を行使できるとしても、それが無制限にどんな時でも行使できるわけではありません。これには次に挙げるようなしっかりとした要件が設けられています。

▼武力行使の新三要件

①わが国に対する武力攻撃が発生したこと、又はわが国と密接な関係にある他国に対する武力攻撃が発生し、これによりわが国の存立が脅かされ、国民の生命、自

由及び幸福追求の権利が根底から覆される明白な危険があること
②これを排除し、わが国の存立を全うし、国民を守るために他に適当な手段がないこと
③必要最小限度の実力を行使すること

これをつなげて整理してみると次のようになります。

「『日本に対する武力攻撃が発生した場合』、もしくは『日本と密接な関係にある国に対する武力攻撃が発生した場合』で、これにより日本の存立が脅かされ、国民の生命、自由及び幸福追求の権利が根底から覆される明白な危険がある場合に、武力を行使する以外に適当な手段がなく、それが必要最小限度の範囲内に収まるのであれば、武力を行使できる。」

これは憲法上武力行使が許容されるための要件を定めたものではありますが、よく見てみると、まず武力攻撃の発生が必要であり、武力の行使以外に他に適当な手段もなく、過度な武力行使は許されないということで、これは国際法上の自衛権の行使の要件とほぼ一

致することがお分かり頂けると思います。

ちなみに、この中の「日本と密接な関係にある国に対する武力攻撃が発生した場合」というのは、第二章で確認する存立危機事態において認められる集団的自衛権の行使に関する要件です。

(4) 交戦権がなくても自衛隊は戦えるの？

でも、いくら自衛隊が戦力にあたらず、憲法に違反することはないとしても、第九条二項によって日本が交戦権を放棄している以上、結局自衛隊は日本に攻め込んできた敵の軍隊と戦うことができないのではないか、と考える方もいらっしゃるかもしれません。

あらためて確認しますが、日本政府が考えている交戦権とは「戦争で戦っている国同士が国際法上有しているさまざまな権利の総称」という意味であって、具体的には敵の兵士を殺傷したり、どこかの国の領土を占領したりすることなどを指します。つまり、日本がこの交戦権を放棄しているということは、自衛隊は敵の兵士を殺傷することができず、事実上戦うことができないのではないか、という疑いをもっても不思議ではありません。

■ ①交戦権に関する日本政府の解釈とは

しかし、自衛隊はすでに創設から七十年近くを迎え、戦車や戦闘機などを数多く保有しています。もし交戦権がないのであれば、どうして自衛隊は存在し続けているのでしょうか。それには、交戦権に関する日本政府の解釈が大きく関係しています。

日本政府によれば、日本は確かに交戦権を放棄したが、自衛権が放棄されていない以上、日本を防衛するための必要最小限度の範囲内で実力を行使することは当然認められ、これは交戦権の行使とは全く区別されるものとされています。いわゆる「**自衛行動権**」と呼ばれるものです。

■ ②「自衛行動権」と「交戦権」は何が違うの？

そもそも、交戦権というのは戦争が違法ではなかった時代に発達してきたもので、戦争も武力行使も原則的には違法とされる現代においては、「交戦権があるから敵の軍隊と戦える」という理解が国際法上なされるわけではなく、相手が攻めてきたので自衛権行使の一環として敵の軍隊と戦うことが認められる、という整理を日本政府はしているわけです。

ですから、たしかに自衛行動権の内容は交戦権と重なる部分が多いとはいえども、その成り立ちや理屈の面から見ると、両者は全くの別物ということができます。

第二章

そもそも自衛隊って何？

2-1 日本の安全はどうやって守られているの？

日本の周辺は平和？

二〇二〇年現在、日本に住んでいるみなさんの中に「どこかの国から攻撃を受けて自分の命が危険にさらされるかもしれない」と本気で心配している方は、恐らくほとんどいらっしゃらないですよね？　果たしてそれはなぜでしょう。「日本の周辺は平和そのものだから」と考える方もいらっしゃるかもしれませんが、それは現実とは大きくかけ離れています。

たとえば、北朝鮮は核兵器の開発と配備を継続して行っていますし、日本を射程に収める弾道ミサイルも多数保有しています。さらに、中国は東シナ海に面する沖縄県の尖閣諸島周辺での活動を活発化させる一方で、南シナ海では国際社会の秩序を大きく乱す活動を行い、さらに海軍力や空軍力の大幅な増強を進めています。それでは、こうした緊迫した国際情勢の中で、日本の安全はいかにして守られているのでしょうか。

日本の安全は自衛隊＋日米同盟によって守られている

結論から言えば、日本の安全を守っているのは「自衛隊＋日米同盟」の体制です。言い換えれば、日本の安全は日米の軍事力によって守られているということになります。

しかし、世の中には「話せば分かる」という言葉もある通り、こうした軍事力に頼らずとも、外交交渉を通じて他国と話し合えば日本の平和を維持することもできるのではないか？　と考える方もいらっしゃるかもしれません。それではなぜ、この軍事力が日本の安全を守っているといえるのでしょうか。

▼2019年10月31日、当時の安倍総理を表敬訪問したデービッドソン・インド太平洋軍司令官

出典　首相官邸HP

まず、実際の国際社会は「話せば分かる」というような甘い世界ではないという認識を持つ必要があります。たとえば、ロシアは二〇一四年に隣国のウクライナにあるクリミア半島を軍事力によって奪い取り、中国は周辺国に対して軍事力を背景とした圧力をかけ続けています。さらに北朝鮮は弾道ミサイルの発射や核兵器の開発を続けることによって、日本を含めた周辺国に対する大きな軍事的脅威となっています。

もちろん、外交による話し合いが重要であることは間違いありません。しかし、こうした現在の国際情勢のもとでは、自国が有する軍事力の在り方が極めて重要な意味を持ってくるわけです。そこで重要なキーワードとなるのが「**抑止力**」という言葉ですが、これをまじめに説明すると非常に堅苦しくなるので、学校生活に例えながら解説していこうと思います。

抑止力を学校生活で例えてみよう

①いじめっ子よりも力が弱い場合

あなたの通う学校には力持ちのいじめっ子がいます。あなた一人の力ではこのいじめっ子とけんかしても負けてしまうことは明らかというときに、当然このいじめっ子はあなたに暴力をふるうことに何のためらいも感じませんよね。なぜなら、たとえあなたとけんかをしても自分が勝つことが分かっているからです。

②いじめっ子と力が同等な場合

しかし、もしあなたがこのいじめっ子と同じくらいか、あるいはそれを上回る力を持っていたとするとどうでしょう。

いじめっ子の立場になって考えれば「あいつとけんかしても勝てるかどうかわからない

し、少なくとも俺も無事ではすまないよな…」となって、あなたに暴力をふるうことをためらうようになりますよね。

これが「抑止力」です。相手の力と同等か、少なくとも相手に対してやり返す力を持つことによって、相手に自分を攻撃することを思いとどまらせるわけです。

③いじめっ子に対してみんなで手を結んで対抗する場合

この抑止力をどのように持つかという方法に関して、もちろん自分自身のみの力で成しとげるという方法もあります。しかし、自分の力が限定的な場合には、体を鍛えたりしなければならず、非常に労力がかかります。そこで、別の誰かと力を合わせることによって、全体としてみたときの総合的な力で相手の力とのバランスをとるという方法もあります。

図2-1　抑止力

❶

相手に対して非力な状態
＝抑止が機能していない

❷

相手と対等かやり返す力
はある＝抑止が機能する

❸

相手に対して集団で対抗
する＝抑止が機能する

日米同盟と自衛隊の重要性

話を現実世界に戻すと、前者の自国のみで安全を確保する場合には自国が強大な軍事力を常に持ち続けなければなりませんから、そのためには巨額の予算が必要となります。その点、後者の複数の国で手を結んで安全を確保する場合には、全体としてみた場合の軍事力が重要なので、自国の負担は軽くなります。

だからこそ、日本は世界一の軍事力を持つアメリカと「日米同盟」を結び、「日本を攻撃するとアメリカが出てくる」という仕組みを構築し、維持していることによって、周辺の安全保障環境は厳しさを増しているにもかかわらず、日本は安全を享受しているわけです。

▼アメリカ軍の打撃力の象徴ともいうべきB-52H爆撃機を護衛する航空自衛隊のF-15J

出典　https://www.dvidshub.net/

ただし、アメリカの強大な軍事力を基本とする日米同盟が日本の安全を担保しているとはいえ、平時から有事にかけて日本の周辺でアメリカ軍がタイムリーかつ効果的に活動できなければ、周辺国の軍事的な挑発や日本に対する限定的な攻撃に適切に対応することができなくなる可能性があります。

だからこそ、まずはそうした事態に自衛隊が素早く対応するとともに、アメリカ軍の活動拠点となる在日米軍基地を含め、日本列島の安全を自衛隊が確保することによって、どのような事態に対してもアメリカ軍が適時適切に対応することができ、それが日本の安全を確保することにつながるわけです。つまり、日本の安全を守っているのは、自衛隊＋日米同盟といえるわけです。

2-2 自衛隊ってどんな組織なの？

自衛隊は二〇二〇年で創設から六十六年を迎えます。この間、自衛隊は日本の平和と安全を守るべく、冷戦期には当時のソ連と対峙し、冷戦終結後は国際貢献への道を開くとともに、新時代の敵であるテロの脅威に対応し、現在では北朝鮮や中国など周辺国からの脅威と再び対峙しています。

しかし、そんな自衛隊とは一体どんな組織なのかについて、その全体像に触れられる機会はあまり多くないように感じます。そこで、ここでは自衛隊とはいったいどのような組織なのかについて、詳しく確認していきたいと思います。

防衛省・自衛隊の組織はこんなに多い！

組織図をご覧いただくと分かるように、防衛省・自衛隊は非常に多くのポストや機関から構成されています。最高指揮官である内閣総理大臣をトップとして、隊務を統括する防衛大臣、そして防衛大臣を補佐するためのポストとして防衛副大臣、防衛大臣政務官そして防衛大臣補佐官が続きます。

そこから下に目を向けると、陸・海・空自衛隊はもちろんのこと、将来の幹部自衛官を育成する防衛大学校、自衛隊内のお医者さんである医官を教育する防衛医科大学校、防衛省のシンクタンクにあたる防衛研究所、地域と密着した業務を行う地方防衛局、さらに装備品の研究開発や調達などを行う防衛装備庁など、その内容は多岐に渡ります。

図2-2　防衛省の組織図

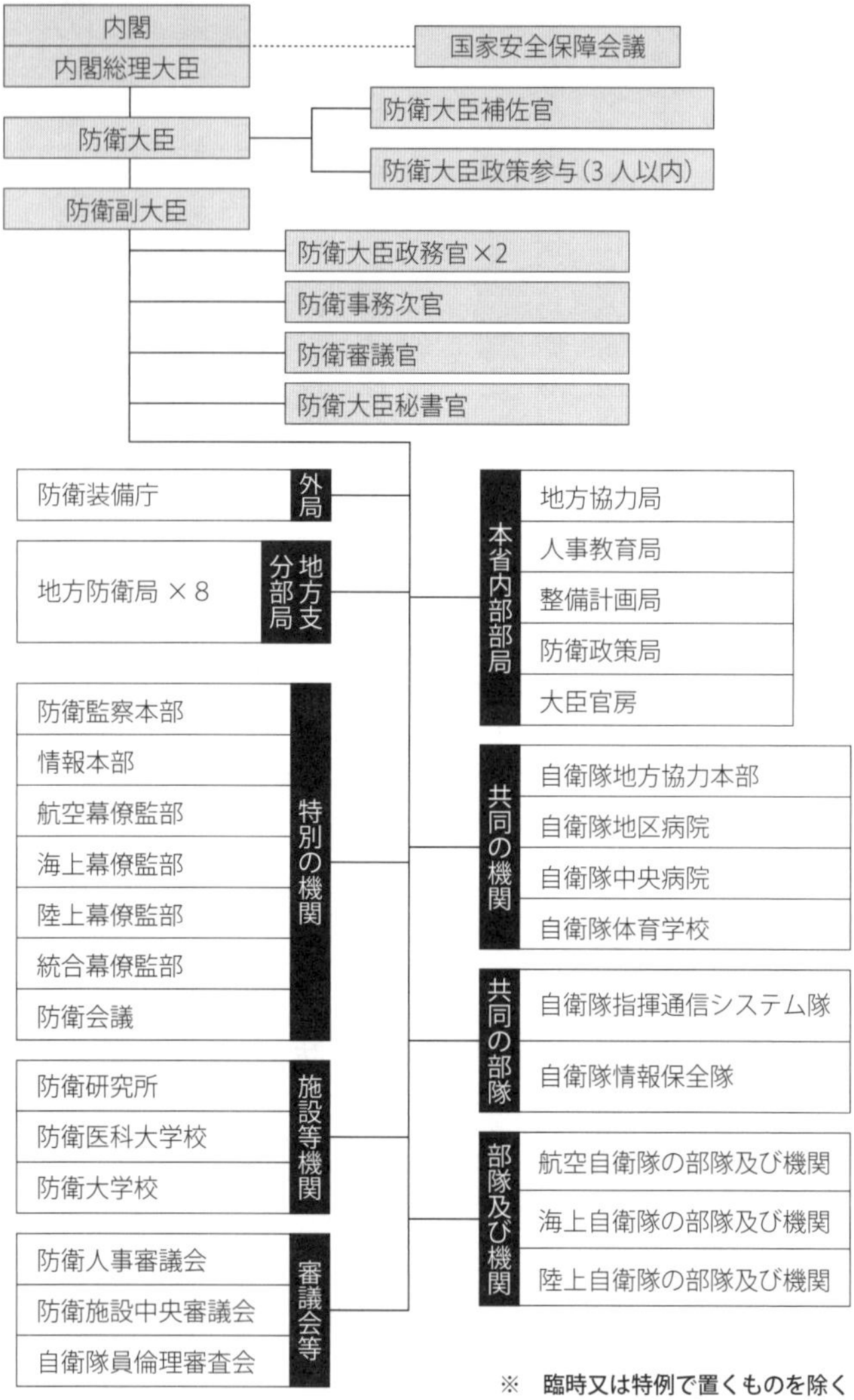
内閣
内閣総理大臣
国家安全保障会議
防衛大臣
防衛大臣補佐官
防衛大臣政策参与（3 人以内）
防衛副大臣
防衛大臣政務官×2
防衛事務次官
防衛審議官
防衛大臣秘書官
外局
防衛装備庁
地方支分部局
地方防衛局 ×8
特別の機関
防衛監察本部
情報本部
航空幕僚監部
海上幕僚監部
陸上幕僚監部
統合幕僚監部
防衛会議
施設等機関
防衛研究所
防衛医科大学校
防衛大学校
審議会等
防衛人事審議会
防衛施設中央審議会
自衛隊員倫理審査会
本省内部部局
地方協力局
人事教育局
整備計画局
防衛政策局
大臣官房
共同の機関
自衛隊地方協力本部
自衛隊地区病院
自衛隊中央病院
自衛隊体育学校
共同の部隊
自衛隊指揮通信システム隊
自衛隊情報保全隊
部隊及び機関
航空自衛隊の部隊及び機関
海上自衛隊の部隊及び機関
陸上自衛隊の部隊及び機関

※　**臨時又は特例で置くものを除く**

出典　令和元年版防衛白書

「防衛省」と「自衛隊」って何が違うの？

ここで、「防衛省と自衛隊って違う組織じゃないの？」と思われる方もいらっしゃるかもしれませんが、じつは両者は同じ組織を違う面から見たときの名称なのです。

どういうことかというと、日本を防衛することを任務とする一つの行政組織として防衛省・自衛隊というものがあり、陸・海・空自衛隊の管理運営などを任務とする行政組織の面をとらえる場合には「防衛省」、そして日本の防衛などを任務とする実力組織の面をとらえる場合には「自衛隊」とそれぞれ呼んでいるということなのです。

つまり、防衛省と自衛隊は表裏一体の関係ということになります。

陸・海・空自衛隊ってそれぞれどんな組織？

それでは、防衛省・自衛隊のうち、日本を防衛するための実力組織である陸上・海上・

航空自衛隊とは、それぞれどのような組織なのでしょうか。

(1) 陸上自衛隊

陸上自衛隊は、日本列島を五つのブロックに分け、北からそれぞれ北部方面隊・東北方面隊・東部方面隊・中部方面隊・西部方面隊が防衛を担当しています。また、二〇一八年には陸上自衛隊の部隊運用を一元的に担う陸上総隊が新設され、海上自衛隊や航空自衛隊との統合運用がよりスムーズに行えるようになりました。十四万人という三自衛隊のなかでも最大規模の人員を擁し、約六百両の戦車を中心に約千両の装甲車両などを保有しています。

(2) 海上自衛隊

海上自衛隊は、護衛艦を運用する護衛艦隊・哨戒機やヘリコプターを運用する航空集団・潜水艦を運用する潜水艦隊などを束ねる自衛艦隊と、横須賀・呉・佐世保・舞鶴・大湊の各地方隊などによって、平時から日本全周の海域を防衛する体制を整えています。約四万人の人員と、四十八隻の護衛艦と二十隻の潜水艦など、東アジアでも有数の戦力を有しています。

(3) 航空自衛隊

航空自衛隊は、北部航空方面隊・中部航空方面隊・西部航空方面隊・南西航空方面隊と、それを束ねる航空総隊、さらに輸送航空隊などを束ねる航空支援集団などによって、平時の対領空侵犯措置から有事の防空まで、日本の領空の安全を守っています。約四万人の人員と、最新鋭のステルス戦闘機F-35Aを含め、約三百機の戦闘機などを運用しています。

統合幕僚長って何をする人？

現代の戦争では、陸・海・空がそれぞれバラバラに戦うのではなく、それぞれが有機的に連携し、一体となって戦うといういわゆる「**統合運用**」が必要となります。そこで二〇〇六年に設けられたのが「**統合幕僚長**」による自衛隊の一元的な運用体制です。基本的に、防衛大臣の命令は必ず統合幕僚長を通じて執行され、また防衛大臣を軍事的観点から補佐するのも統合幕僚長です。

図2-3　自衛隊の運用体制および統幕長と陸・海・空幕長の役割

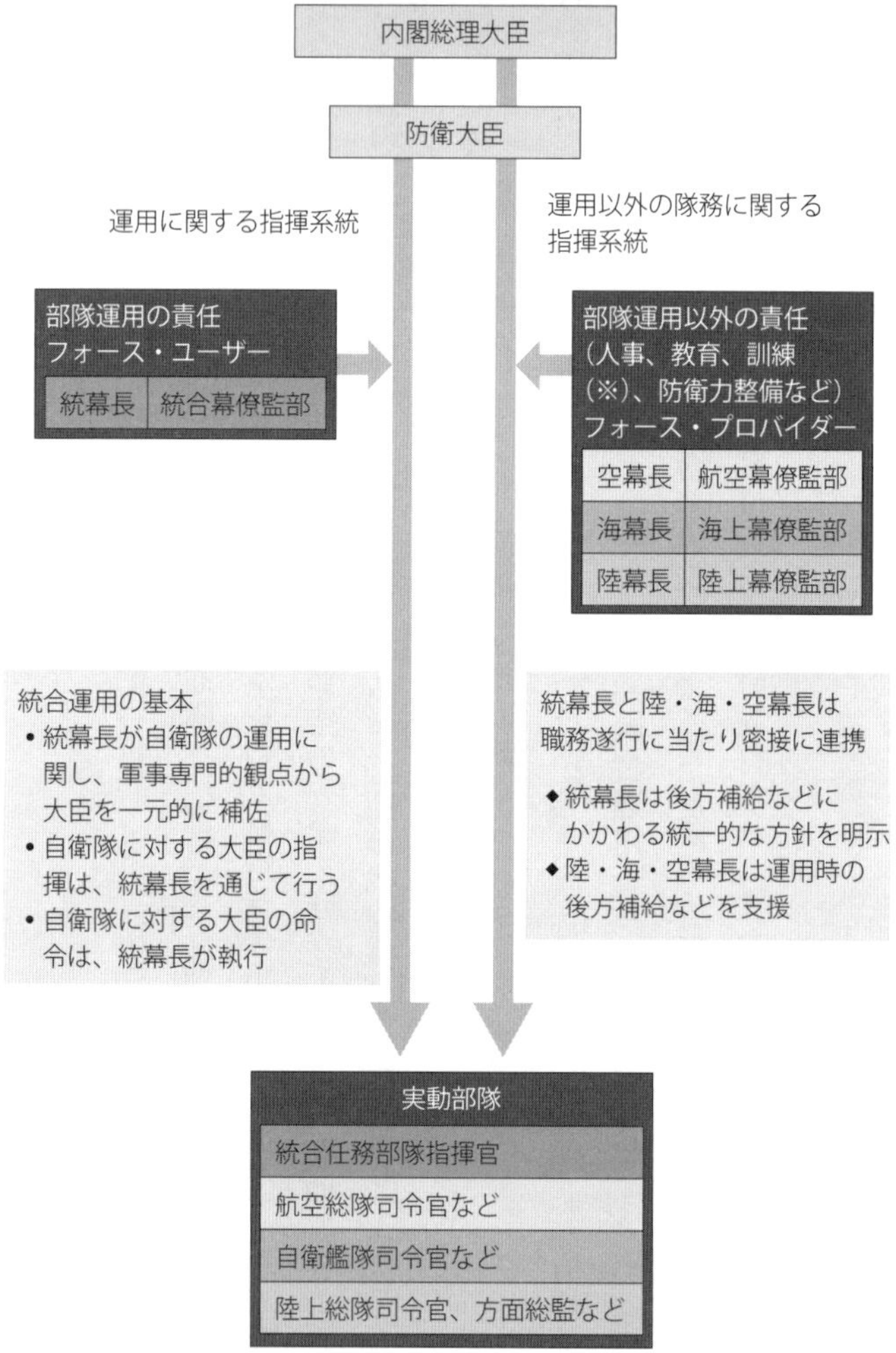

※統合訓練は統幕長の責任

出典　令和元年版防衛白書

また、それまで陸・海・空の幕僚監部が担ってきたそれぞれの自衛隊の運用に関する機能を統合幕僚監部に集約し、自衛隊の運用は統合幕僚長が、それ以外のたとえば教育や訓練などに関する機能は各幕僚長が担うこととなりました。

これは、スポーツチームで例えると、統合幕僚長がトップの監督で、各幕僚長が選手に技術的な指導を行うコーチということになります。ちなみに、専門的にはこのように部隊を運用する側を「**フォース・ユーザー**」、部隊を育成する側を「**フォース・プロバイダー**」といいます。

2-3 自衛隊の任務って何なの？

自衛隊のおもな任務といえば「日本を防衛すること」ですが、それ以外にも自衛隊は災害派遣を含めさまざまな活動を行っていることは周知のとおりです。そこで、次に見ていくのは自衛隊の任務についてです。国防とそれ以外の活動は一体どのような関係にあるのでしょうか。

自衛隊法を見てみよう！

自衛隊の任務については、自衛隊法第三条に規定されています。

一項　自衛隊は、我が国の平和と独立を守り、国の安全を保つため、我が国を防衛することを主たる任務とし、必要に応じ、公共の秩序の維持に当たるものとする。

二項　自衛隊は、前項に規定するもののほか、同項の主たる任務の遂行に支障を生じない限度において、かつ、武力による威嚇又は武力の行使に当たらない範囲において、次に掲げる活動であって、別に法律で定めるところにより自衛隊が実施することとされるものを行うことを任務とする。

一　我が国の平和及び安全に重要な影響を与える事態に対応して行う我が国の平和及び安全の確保に資する活動

二　国際連合を中心とした国際平和のための取組への寄与その他の国際協力の推進を通じて我が国を含む国際社会の平和及び安全の維持に資する活動

さらに、この規定は一項前半とそれ以降とに分割することができます。すると、それぞれの内容は次のようになります。

①自衛隊は、日本の平和と独立を守り、国の安全を保つため、日本を防衛することを主たる任務とする。
②そのほか、自衛隊は必要に応じて社会の秩序を維持する活動にあたるほか、主たる任務の遂行に支障をきたさず、さらに武力による威嚇又は行使にあたらない範囲で、日本の平和に重要な影響を与える事態における活動や国際社会の平和及び安全を維持するための活動を行うことができる。

自衛隊の任務は大きく二つに分けられる

（1）主たる任務

①の任務を、一般に「**主たる任務**」といいます。これは具体的には日本自体の防衛や、日本と密接な関係にある他国の防衛を意味していて、これが自衛隊のおもな任務に当たるわけですが、これは言い換えると「自衛隊にしかできない活動」ということになります。

▼有事に備えて海上自衛隊が実施する「海上自衛隊演習」（令和元年開催）

出典　海上自衛隊HP

たとえば、日本国内の治安を守るための警察や火災などに対処する消防では、どこかの国が日本に攻めてきたとしてもそれを防ぐことはできません。どこかの国が攻めてきた場合に、それに対処して日本の平和を守ることができるのは唯一自衛隊だけなのです。

(2) 従たる任務

一方で、②の任務を一般に「**従たる任務**」といいますが、こちらはさらに二つに分けることができます。一つ目は、第三条一項に規定されている「必要に応じ公共の秩序の維持にあたる」もので、二つ目は、二項に規定されているものです。

ここでは、これらを分かりやすく説明するため、前者を「**一項の従たる任務**」、後者を「**二項の従たる任務**」とそれぞれ呼ぶことにします。

①一項の従たる任務

まずは一項の従たる任務から見ていきましょう。

これは、条文にもある通り自衛隊が「必要に応じて」公共の秩序を維持するために行うもので、主たる任務とは立ち位置がだいぶ異なります。というのも、一項の従たる任務は「自衛隊以外が行う活動を補完するもの」だからです。

たとえば、ふつう街中で犯罪者を捕まえるのは警察官の仕事ですよね。しかし、相手が機関銃やロケットランチャーなど非常に強力な武器で武装していた場合、警察だけで対処することは非常に困難ですし、あるいは、大規模な地震や津波が発生して日本の広い地域に被害が発生した場合、消防や自治体だけで対処することもまた、非常に困難です。

そこで、このように本来であれば自衛隊以外の機関が対処するべき事態ながらも、その事態の性質や大きさからその機関の力だけでは対処することができないような場合に、その活動を自衛隊が補完するために行われるのが一項の従たる任務です。

▼2019年の台風19号における災害派遣の様子

出典　防衛省・自衛隊HP

その具体例としては治安出動や海上警備行動、対領空侵犯措置や災害派遣などさまざまなものが挙げられますが、これらは第三章で個別にしっかり解説しますので、ここでは列記するにとどめておきます。

■②二項の従たる任務

次に二項の従たる任務について見ていきます。

二項の従たる任務は「主たる任務の遂行に支障を生じない限度において」行うことができるものですが、こちらは先ほど説明した一項の従たる任務とは大きく異なる部分があります。それは、二項の従たる任務は「自衛隊以外の機関が行う活動を補完するものではないけれども、主たる任務にはあたらないもの」という点です。

どういうことか、詳しく見ていきましょう。二項の従たる任務に関しては、条文中に具体例が二つ明記されています。

一つは、「我が国の平和及び安全に重要な影響を与える事態に対応して行う我が国の平和及び安全の確保に資する活動」で、こちらはいわゆる重要影響事態（たとえば北朝鮮が韓国に侵攻を開始するなどして、そのまま放置すれば日本に対して直接攻撃が及ぶおそれがあるなど、日本の平和及び安全に重要な影響を与える事態。詳しくは別の項で説明します）において、自衛隊が補給や捜索救助活動などを通じて、戦闘に参加しているアメリカ軍などを支援することを意味しています。

もう一つは、「国際連合を中心とした国際平和のための取組への寄与その他の国際協力の推進を通じて我が国を含む国際社会の平和及び安全の維持に資する活動」で、こちらは分かりやすいところでいえば海外における国連平和維持活動（ＰＫＯ）などがこれにあたります。

これらの活動が、一項の従たる任務のように本来警察や消防といった自衛隊以外の機関が行う公共の秩序の維持とは性質が全く異なるため、自衛隊がその他の機関の活動を補完するというものでないことは一目瞭然です。

▼南スーダンPKOにおける陸自部隊の活動

出典　防衛省・自衛隊HP

なぜなら、そもそも警察や消防は他国軍に対する支援や国連平和維持活動を行うための組織ではないため、自衛隊がその活動を「補完する」という図式そのものが成り立たないからです。

しかし、それと同時にこれらは自衛隊の主たる任務である日本の防衛や日本と密接な関係にある他国の防衛とは異なることも明らかですよね。

そして、これらの「主たる任務」と「従たる任務」を合わせたものを、自衛隊の「本来任務」といいます。本来任務は、分かりやすく言えば「日本の平和と安全を確保するために自衛隊がこなすべき任務」ということですが、たしかにどこかの国が攻めてきた場合の対処はもちろんのこと、大規模なテロや災害への対処や周辺国で発生した紛争への対処も、広い意味で日本の平和と安全を確保することにつながりますよね。

ですから、これらの活動は自衛隊にとって、本来こなすべき任務ということになるわけです。こうした本来任務に関しては、自衛隊法の第六章「自衛隊の行動」に列挙されています。

本来任務にはあたらない「付随的業務」とは？

この本来任務に対して、自衛隊法第三条や第六章に規定されているものではないけれども、こうした本来任務を達成するための訓練や実際の活動の中で自衛隊が長年にわたって培ってきた技能や経験を活かす活動というものも存在します。それが、「**付随的業務**」と呼ばれるものです。

付随的というのは、主となる物事と関わることによって成り立つことという意味ですから、付随的業務とはつまり主たる任務とそれに対する備えがあって初めて成り立つ活動という意味です。

具体的には、オリンピックのような運動競技会への協力や航空機による外国の国家元首といった国賓の輸送、さらには南極観測隊の支援などがこれにあたります。これらがなぜ付随的業務にあたるのかについて、国賓輸送を例にして考えてみましょう。

自衛隊は本来任務をこなすために人員を輸送するためのヘリコプターを数多く保有しています。そして、これらを飛行させるためには日々訓練に励む必要があるため、これにより培ったヘリコプターを運用するための技術や経験は相当に高度なものです。

そこで、これを活かして日本を訪問する外国の要人や日本の総理大臣などを自衛隊のヘリコプターで輸送することになっているわけですが、この「自衛隊とヘリコプター」という関係は本来任務があって初めて成り立つものですので、これはまさに付随的業務にあたるわけです。

ちなみに、これらの付随的業務に関しては自衛隊法第八章「雑則（主要な規定とまではいえないような細かい規定のこと）」のなかに列挙されています。

▼陸上自衛隊の第一ヘリコプター団が運用する特別輸送ヘリコプター。国賓輸送などに使用される

出典　陸上自衛隊HP

身近な例で整理してみよう！

それでは、最後にこれまで見てきた本来任務と付随的業務の関係をシンプルに理解するべく、身近なもので例えてみましょう（92ページの図2-4参照）。

あなたはある街の商店街でパン屋さんを営んでいます。パン屋さんの仕事は当然パンを焼いて店頭で販売することですから、これがあなたにとっての主たる任務です。

ある日、隣でケーキ屋さんを営んでいるAさんが店に駆け込んできて、「ケーキの注文が予想以上に多いので、何とか生地作りを手伝ってもらえないでしょうか？」と頼み込んできました。あなたはこれを快く受け入れ、ケーキの生地作りに協力しました。

本来、ケーキの生地作りはケーキ屋さんであるAさんの仕事ですが、近所のよしみであなたがこれを手伝ったということは、つまりAさんの仕事を補完したことになりますから、これは従たる任務にあたります。

そして、パン屋さんを経営するというあなたの目的に照らせば、パンの販売はもちろん、お隣のお店との関係を良好にしておくことは、広い意味でパン屋の経営に資するものになりますから、これらはまさしく本来任務となるわけです。

一方で、あなたはパン屋を長らく営んできた経験から、新しくパン屋を目指す人たちをお店で受け入れ、そのノウハウを伝授したり、あるいはパン作りをもっと多くの人に楽しんでもらおうと各地でパン教室を開いたりしています。

こうした活動は、あなたがパン屋を営むために培ってきた知識や経験があってこそできるものですから、これらは付随的業務となるわけです。

図2-4　本来任務と付随的業務

身近な例で整理

●主たる任務…パン屋の仕事

●従たる任務…ケーキの生地作りに協力

●付随的業務…お店でのノウハウ伝授・パン教室

2-4 「専守防衛」ってどういう意味なの？

自衛隊に関する話題で必ずといっていいほど出てくるのが「**専守防衛**」という言葉です。「この装備は専守防衛を逸脱するおそれがある」とか、そういった文言をニュースやＳＮＳで見たという方もたくさんいらっしゃるのではないでしょうか。

専守防衛とは、一九七〇年代の国会答弁で本格的に登場し、その後日本の防衛に関する基本方針となったものですが、しかし、これがどういう意味の言葉なのかについては、ニュースなどではあまり詳しく触れられないことも珍しくありません。それでは、この専守防衛とは一体どういったものなのでしょうか。

定義をチェックしよう

まずは専守防衛とは一体どのような意味の言葉なのか、つまり定義をチェックするところから始めましょう。さて、防衛省が毎年発行している防衛白書によれば、専守防衛は次のように定義されています。

「専守防衛とは、相手から武力攻撃を受けたときにはじめて防衛力を行使し、その態様も自衛のための必要最小限にとどめ、また、保持する防衛力も自衛のための必要最小限のものに限るなど、憲法の精神に則った受動的な防衛戦略の姿勢をいう。」

言葉だけを見るとなんだかよく分からないかもしれませんが、よくよくこれを分解してみると、「相手からの武力攻撃を受けたときにはじめて防衛力を行使」し、その内容も「自衛のための必要最小限にとどめ」て、また「保持する防衛力も自衛のための必要最小限のものに限る」ということで、じつはすでに第一章の憲法第九条に関する項目で確認した内容と同じということが分かります。

ですので、これはじつは武力に関する憲法上の制約と同じことを言っているわけです。そもそも、「憲法の精神に則った受動的な防衛戦略の姿勢」ですから、それもそのはずですよね。

「いずも」型護衛艦の改修は専守防衛に反するの？

ところで、専守防衛との関係でよくやり玉にあがるのが、海上自衛隊の「いずも」型護衛艦の改修についてです。

二〇一八年に策定された「**防衛計画の大綱**（**防衛大綱：おおむね今後十年間の日本の防衛力整備に関する計画**）」および「**中期防衛力整備計画**（**中期防：おおむね今後五年間の日本の防衛力整備に関する計画**）」において、海上自衛隊最大の護衛艦である「いずも」と「かが」について、最新鋭のステルス戦闘機であるF-35Bを搭載できるよう改修されることが決定されました。

すると、この決定に対して「これは憲法が保有を禁じる『攻撃型空母』にあたるので、専守防衛に反するのではないか」という意見がニュースや新聞などで取り上げられるようになったのです。果たしてこれは本当に専守防衛に反するのでしょうか。

専守防衛の観点から関係しそうなのは「保持する防衛力も自衛のための必要最小限のものに限る」という部分です。この部分の大元となる表現は、日本が憲法第九条のもとで保有できるのは「自衛のための必要最小限度の実力」に限られるという政府の憲法解釈に求められます。

これに関して、政府は必要最小限度を超えるような実力の具体例として、その性能上相手国を壊滅的に破壊するために用いられる兵器である「攻撃的兵器」を挙げ、その中に含まれているのが「攻撃型空母」というものです。

▼護衛艦「いずも」

出典　海上自衛隊HP

攻撃型空母には定義がある

じつは、この攻撃型空母には政府による定義が存在します。二〇一八年三月二日に、当時の小野寺五典防衛大臣は攻撃型空母の定義について次のように答弁しています。

> 「昭和六十三年の答弁においては、当時の軍事常識を前提として、それ自体直ちに憲法上保有することが許されない攻撃型空母とは、例えば極めて大きな破壊力を有する爆弾を積めるなど大きな攻撃能力を持つ多数の対地攻撃機を主力とし、さらにそれに援護戦闘機や警戒管制機等を搭載して、これらの全航空機を含めてそれらが全体となって一つのシステムとして機能するような大型の艦艇などで、その性能上専ら相手国の国土の壊滅的破壊のために用いられるようなものが該当するのではないかという形の答弁をしているところであります。」

ただし、これは大臣も指摘されている通り今から三十年以上前の軍事常識を前提としているため、現在の軍事常識とは大きくかけ離れている部分があります。とはいえ、攻撃型空母も攻撃的兵器の一種である以上、「その性能上専ら相手国の国土の壊滅的破壊のために用いられるようなもの」なのかどうかが重要なポイントとなります。

だからこそ「いずも」型護衛艦の改修は問題ない！

その観点から「いずも」型護衛艦の改修を見てみると、搭載される最新鋭のF-35B戦闘機は、たしかに地上の目標を攻撃する能力こそ有してはいますが、その能力は現在航空自衛隊が保有している他の戦闘機と大差はなく、またその攻撃目標は敵の兵器や施設などですから、「相手国の国土の壊滅的破壊のために用いられる」わけではありません。

つまり、「いずも」型護衛艦が改修を終えてF-35Bを運用できるようになったとしても、それが理由で攻撃型空母になる＝専守防衛に反するということにはならないわけです。

▼アメリカ海軍の原子力空母「ロナルド・レーガン」（左）と共同訓練を実施する護衛艦「いずも」（右）。両者の大きさや機能の違いが分かる

出典 海上自衛隊HP

敵基地攻撃能力は専守防衛に反するの？

もう一つ、専守防衛との関係性がよく議論されるのが、敵のミサイルを発射前に地上で破壊する、いわゆる「**敵基地攻撃能力**」です。昨今非常に話題になっているこの敵基地攻撃能力ですが、ニュースなどでは「専守防衛を逸脱するおそれがある」などとも報じられています。果たして、これは本当に専守防衛を逸脱するおそれがあるのでしょうか。

憲法上は許される

そもそも、敵の基地を攻撃することそれ自体は憲法に違反しないというのが従来からの一貫した政府の立場で、これは一九五六年二月二十九日に行われた当時の船田防衛庁長官による国会答弁を基本的に踏襲しているものです。

「わが国に対して急迫不正の侵害が行われ、その侵害の手段としてわが国土に対し、誘導弾等による攻撃が行われた場合、座して自滅を待つべしというのが憲法の趣旨とするところだというふうには、どうしても考えられないと思うのです。そういう場合には、そのような攻撃を防ぐのに万やむを得ない必要最小限度の措置をとること、たとえば誘導弾等による攻撃を防御するのに、他に手段がないと認められる限り、誘導弾等の基地をたたくことは、法理的には自衛の範囲に含まれ、可能であるというべきものと思います。」

つまり、他に攻撃を防ぐための手段がない場合には、敵の基地を攻撃することは憲法上可能ということです。

ちなみに国際法上はどうかというと、自衛権の行使として海外にある敵の基地を攻撃してはいけないというルールは存在しませんので、それが第二章で確認したような自衛権の行使に関する一定の要件に従って行われているのであれば、国際法上は特に問題となることはありません。

▼敵基地攻撃に必要不可欠な「敵防空網制圧」（SEAD）の任務を担っているアメリカ空軍の第35戦闘航空団に所属するF-16（三沢基地）

SEAD：Suppression of Enemy Air Defenses

出典　https://www.dvidshub.net/

昔はダメだった

それではなぜ、敵基地攻撃が専守防衛を逸脱するという意見が出てくるのでしょうか。その一つの理由として考えられるのが、じつは「敵基地攻撃は専守防衛においては認められない」という見解が存在したということです。一九七二年十月三十一日、当時の田中角栄総理大臣は次のように答弁しています。

> 「専守防衛ないし専守防御というのは、防衛上の必要からも相手の基地を攻撃することなく、もっぱらわが国土及びその周辺において防衛を行なうということでございまして、これはわが国防衛の基本的な方針であり、この考え方を変えるということは全くありません。」

そもそも、専守防衛というのは憲法の文言のように法律的なものではなく、あくまでも憲法の精神に則った防衛戦略の姿勢に過ぎません。ですから、たとえ憲法上は許されたとしても、それを政策上許容しないということも当然あり得るわけです。この田中総理の答弁はまさにその典型例です。

専守防衛との現在の関係は？

しかし、時代の流れとともに、この専守防衛と敵基地攻撃との関係にも変化が訪れます。きっかけは、二〇〇三年の当時の小泉内閣に対する次のような質問でした。

▼内閣法制局の権限と自衛権についての解釈に関する質問主意書（提出者・伊藤英成）

「政府は、『専守防衛』の基本方針を変更しないと述べているが、歴代政権が『専守防衛』方針に絶対の信頼性を置いてきたとは思えない。昭和四十七年十月三十一日の衆議院本会議において、田中内閣総理大臣は、『専守防衛というのは、防衛上の必要からも相手国の基地を攻撃することなく、もっぱらわが国土及びその周辺において防衛を行うこと』と答弁している。

しかし、最近、石破防衛庁長官が、昭和三十一年の鳩山内閣総理大臣答弁及び昭和三十四年の伊能防衛庁長官答弁で示された『誘導弾等による攻撃を防御するのに、他に手段がないと認められる限り、誘導弾等の基地をたたくことは、法理的には自衛の範囲に含まれ、可能である』旨の見解を表明したが、このような武力行使は、『自衛の範囲に含まれ、可能』であっても、『専守防衛』方針には合致しないものではないのか、石破防衛庁長官の見解は政府見解と一致するものなのか、そうであれば、政府は『専守防衛』方針の廃棄を視野に入れているのか、説明いただきたい。」

この質問に対して、当時の小泉純一郎総理大臣は答弁書において次のように回答しました。少々長いので、重要な部分に傍線を引いてあります。

「『専守防衛』という用語は、相手から武力攻撃を受けたとき初めて防衛力を行使し、その態様も自衛のための必要最小限にとどめ、また保持する防衛力も自衛のための必要最小限のものに限るなど、憲法の精神にのっとった受動的な防衛戦略の姿勢をいうものであり、我が国の防衛の基本的な方針である。この用語は、国会における議論の中で累次用いられてきたものと承知している。

政府は、従来から、『わが国に対して急迫不正の侵害が行われ、その侵害の手段としてわが国土に対し、誘導弾等による攻撃が行われた場合、（中略）そのような攻撃を防ぐのに万やむを得ない必要最小限度の措置をとること、たとえば誘導弾等による攻撃を防御するのに、他に手段がないと認められる限り、誘導弾等の基地をたたくことは、法理的には自衛の範囲に含まれ、可能であるというべきものと思います。』（衆議院内閣委員会鳩山内閣総理大臣答弁船田防衛庁長官代読、昭和三十一年二月二十九日）との見解を明らかにしてきており、石破防衛庁長官の平成十五年一月二十四日の衆議院予算委員会における答弁等は、このような従来の見解を繰り返し述べたものである。

このような見解と、相手から武力攻撃を受けたとき初めて防衛力を行使し、その態様も自衛のための必要最小限にとどめるなど、憲法の精神にのっとった受動的な防衛戦略の姿勢をいう専守防衛の考え方とが、矛盾するとは考えていない。」

ここで重要なのは、他に適当な手段がない場合に敵基地を攻撃することは合憲という見解と、専守防衛の考えとが「矛盾するとは考えていない」という部分です。

もともとの質問では、専守防衛の中には敵基地攻撃が含まれていないという前提がありましたが、それに対する小泉総理の回答では、専守防衛と敵基地攻撃は矛盾しない、つまり専守防衛においても敵基地攻撃は否定されないという見解が示されたのです。

まとめると、一九七〇年代には専守防衛において敵基地攻撃は認められませんでした。しかし、少なくとも二〇〇三年以降は、両者は矛盾しない存在となった、言い換えれば専守防衛においても敵基地攻撃は否定されないものになったということです。ですから、最初の問いに立ち戻ると、敵基地攻撃は専守防衛に反するとか逸脱するとか、そんなことはないということです。

▼航空自衛隊が導入する巡航ミサイルJASSM-ER、射程は約900 km といわれている

出典　https://www.dvidshub.net/image/

2-5 「〇〇事態」って何？

自衛隊に関するニュースなどで、たとえば「武力攻撃事態」とか「存立危機事態」といった「〇〇事態」という言葉を目にしたことはありませんか？

「そういえば聞いたことがあるかもしれない……。でもそれがどんな事態かは分からない」という方もきっとたくさんいらっしゃるはずです。そこで、この「〇〇事態」とはそれぞれどんな事態なのか、そして、そうした各事態に自衛隊は何ができるのかについて、例も交えながら詳しく見ていきます。

武力攻撃事態等

日本の平和や安全が脅かされる事態といってもそこにさまざまなレベルがあると思いま

すが、なかでも最も重大なものは日本がどこかの国から直接攻撃を受けるという事態ですよね。それこそが、最初に見る「**武力攻撃事態等**」です。

武力攻撃事態等は「**武力攻撃事態**」**と**「**武力攻撃予測事態**」という二つの事態を合わせた言葉なので、まずはこの二つの事態についてそれぞれ見ていくことにしましょう。

■(1)武力攻撃事態

「武力攻撃事態」とは、法律上は「**武力攻撃が発生した事態又は武力攻撃が発生する明白な危険が切迫していると認められるに至った事態**」と定義されています(武力攻撃事態等及び存立危機事態における我が国の平和と独立並びに国及び国民の安全の確保に関する法律:以下 事態対処法 第二条二号)。

武力攻撃というのは、第一章で確認した通り、自衛権行使の引き金となる、一定のレベルを超える武力行使のことですが、日本政府はこれをどこかの国からの「組織的・計画的な武力の行使」と定義しています。つまり偶発的な衝突などではなく、その国が組織的かつ計画的に行い、かつ一定のレベルに達する武力の行使ということです。

■①攻撃を受けないと「発生」とは言えないの？

武力攻撃事態のうち、「武力攻撃が発生した事態」というと、何か日本にミサイルが着弾した瞬間や、上陸部隊が日本のどこかの島に侵攻してきた瞬間から始まるという印象を「発生」という表現から連想される方もいらっしゃるかもしれませんが、じつはこれは正確ではありません。

というのも、第一章で確認した通り、国際法上も、あるいは憲法上も、日本が自衛権を行使できるのは「武力攻撃が『発生』した場合」ですから、もしそのような理解が正しいとすれば、日本が自衛権を行使するには必ず敵からの第一撃によって実際に被害が生じることを甘んじて受け入れなければならないということになってしまうからです。

■②日本政府が示している「着手」とは？

そこで、政府は従来から、「武力攻撃の発生」とは「相手が武力攻撃に着手したとき」

と説明しています。たとえば、明確に「今から日本を攻撃する」という意図を示したうえでの相手国によるミサイルの発射準備や、あるいはその時の国際情勢や相手国の動向などから客観的に判断して、日本に対する攻撃のための行動が既に開始された、言い換えると「相手が最早後戻りできない一線を越えた」と判断されれば、その時点で日本に対する武力攻撃が開始された（＝着手）と判断されることになるでしょう。

一方で、「武力攻撃が発生する明白な危険が切迫していると認められるに至った事態」というのは、「まだ武力攻撃は発生していないけれど、明らかにそれが差し迫っているということを認識した事態」ということになります。ですので、この段階ではまだ日本は自衛権に基づく武力の行使を行うことはできません。

ただし、自衛隊法第七十六条の規定を見てみると、内閣総理大臣は「我が国に対する外部からの武力攻撃が発生した事態又は我が国に対する外部からの武力攻撃が発生する明白な危険が切迫していると認められるに至った事態」に防衛出動を命じることができるとされているので、自衛隊に出動を命じることはできます。

■（2）武力攻撃予測事態

「武力攻撃予測事態」とは、法律上は「**武力攻撃事態には至っていないが、事態が緊迫し、武力攻撃が予測されるに至った事態**」と定義されています。たとえば、日本に対して日ごろから挑戦的な態度をとっている国との関係が緊張し始めた際に、その国が軍隊を招集し始めたり、各地で陣地や軍事施設の構築を開始したりして、「これは武力攻撃があるかもしれない」と予測されるようになった事態がこれにあたると考えられます。

■学校生活で例えてみよう①

それでは、この武力攻撃事態等について、これを学校生活の出来事で置き換えながら考えてみましょう（112ページの図2-5参照）。

クラスの不良であるA君に因縁をつけられたB君は、ある日A君から「放課後に校舎裏に来い」というメッセージをSNSで受け取りました。この場合、客観的に考えて「A君からケンカをしかけられるかもしれない」と予測することができますよね。ですから、これは「武力攻撃予測事態」にあたります。

そして、連絡通り校舎裏に行ってみると、案の定A君がB君を睨みつけながらこぶしを振り上げてきました。このとき、B君はまだA君に殴られたわけではありませんが、もはやこの状況から殴られることは間違いないと判断したB君はすかさずカウンターでパンチを決め、A君を撃退することに成功しました。

この場合、A君はまだ完全に殴りかかってきたわけではありませんが、状況から考えて殴りに来ていることは確実と判断することはできそうですよね。そのため、これは「武力攻撃事態」にあたるわけです。

図2-5　武力攻撃事態の例

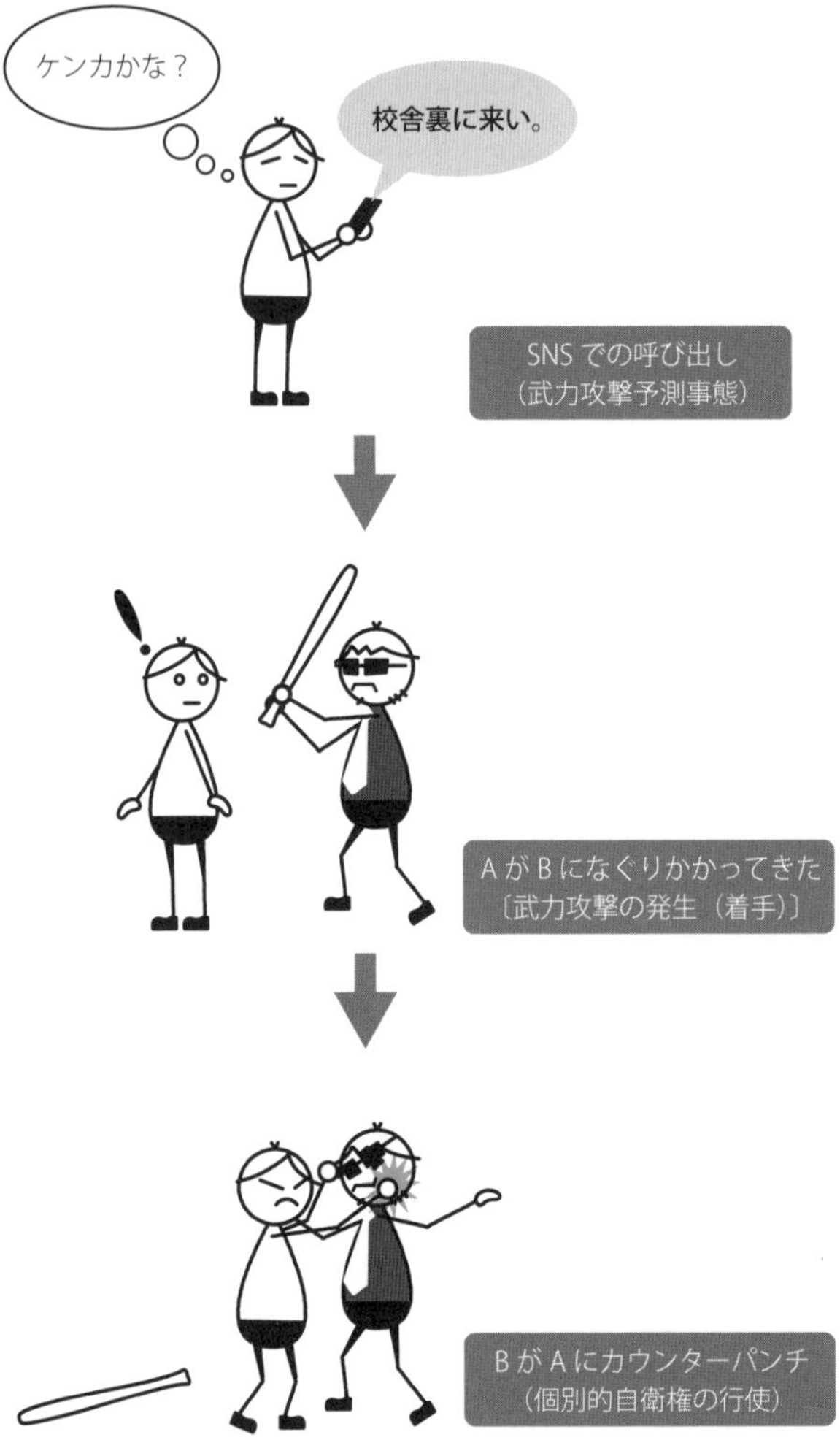

二 存立危機事態

法律上は「**我が国と密接な関係にある他国に対する武力攻撃が発生し、これにより我が国の存立が脅かされ、国民の生命、自由及び幸福追求の権利が根底から覆される明白な危険がある事態**」と定義されている「**存立危機事態**」は、二〇一五年に成立した平和安全法制によって新たに設けられたもので、それまで認められてこなかった集団的自衛権の限定的な行使を可能とするものです。

これまで、日本の存立が脅かされるのは日本に対する武力攻撃が発生した場合が想定されてきました。しかし、それと同様に、日本と密接な関係にある国（たとえばアメリカ）に対する武力攻撃が発生したことによって、日本国民に深刻かつ重大な被害が生じることが明らかな状況が発生する事態というのがこの存立危機事態です。

■ 存立危機事態が認定される三つの具体例とは

その具体例としては、①弾道ミサイル防衛に従事しているアメリカ軍艦艇に対する武力攻撃、②海外から退避した日本人を輸送中のアメリカの船舶に対する武力攻撃、③ホルムズ海峡への機雷敷設による封鎖が挙げられています。

①の場合、ある国が弾道ミサイルの発射を準備していて、アメリカ海軍のイージス艦がその警戒に当たっていた際に、そのイージス艦を狙って対艦ミサイルによる攻撃が行われたというケースが想定されます。このケースでは、このイージス艦が攻撃を受けると、弾道ミサイル防衛の態勢に隙間が生じ、それによって日本に弾道ミサイルが飛来する可能性が高まることによって、日本国民に重大な被害が生じる状況が発生するということになります。

②の場合、日本人を乗せたアメリカの船舶が攻撃を受けることによって、当然ながらその船に乗っている日本人に重大な被害が生じることになります。

③の場合、日本が輸入する原油の約八割が通過するホルムズ海峡に機雷が敷設された場合、日本の国民生活は重大な危機を迎えることになります。しかし、相手国が日本に対す

る攻撃の意図を明示しない限りはこれを日本に対する武力攻撃とは認定できないため、これは存立危機事態に該当することになります。

ただし、どのような事態が存立危機事態にあたるかはその時々の状況などを総合的に判断して個別具体的に判断されることとされているため、この例が全てというわけではありません。

■学校生活で例えてみよう②

それでは、この存立危機事態について、学校生活に置き換えながら考えてみましょう（120ページの図2-6参照）。

ある日、C君は他校の不良に絡まれてしまい、そこにC君の友達のD君が通りかかりました。すると、不良が近くにあった木の棒をもってD君に殴りかかろうとしたため、自分より力の強いD君がやられれば次は自分がやられてしまうと考えたC君は、後ろから不良を押し倒し、事なきを得ました。

図2-6　存立危機事態の例

D
C
Cが不良にからまれ、
Dが助けに入る
D
不良がDに木の棒で
殴りかかろうとする
マズい！
C
D
C
Cは「Dがやられれば、
次は自分だ」と思い、不
良を押し倒した
（集団的自衛権の行使）

この場合、D君という友達（密接な関係）が襲われれば、彼よりも弱い自分もやられてしまう（深刻かつ重大な被害）と考えたC君が不良を倒したわけですから、まさに存立危機事態そのものですよね。

■武力行使に至るまでに必要な手続きとは

この存立危機事態、そしてその前に確認した武力攻撃事態では共に自衛隊に対して**防衛出動**が下令され、日本は個別的・集団的自衛権の行使に伴う武力の行使を行うことができるわけですが、何の手続きも経ることなくこれができるわけではありません。その手続きについては「事態対処法（正式には武力攻撃事態等及び存立危機事態における我が国の平和と独立並びに国及び国民の安全の確保に関する法律）」において定められていますが、ざっとまとめると次のような流れになります。

（1）まず、武力攻撃事態等または存立危機事態に至ったときは、政府は武力攻撃事態等または存立危機事態への対処に関する基本的な方針（対処基本方針）を定める。

このとき、対処基本方針には、①事態の経緯、事態が武力攻撃事態であること、武力攻撃予測事態であること、または存立危機事態であることの認定及び当該認定の前提となった事実・事態が武力攻撃事態または存立危機事態であると認定する場合には、日本の存立を全うし、国民を守るために他に適当な手段がなく、事態に対処するため武力の行使が必要であると認められる理由、②当該武力攻撃事態等又は存立危機事態への対処に関する全般的な方針、③対処措置に関する重要事項を盛り込む。

（2）一定の手続きを経て、対処基本方針を閣議決定し、これを国会に提出して承認を得る。

（3）国会の承認に基づいて、総理大臣が防衛出動などを命じる。

ただし、（2）の段階で国会の承認を得る余裕がないような緊急の場合には、防衛出動を事後承認とすることができます。

図2-7　武力攻撃等および存立危機事態への対処のための手続き

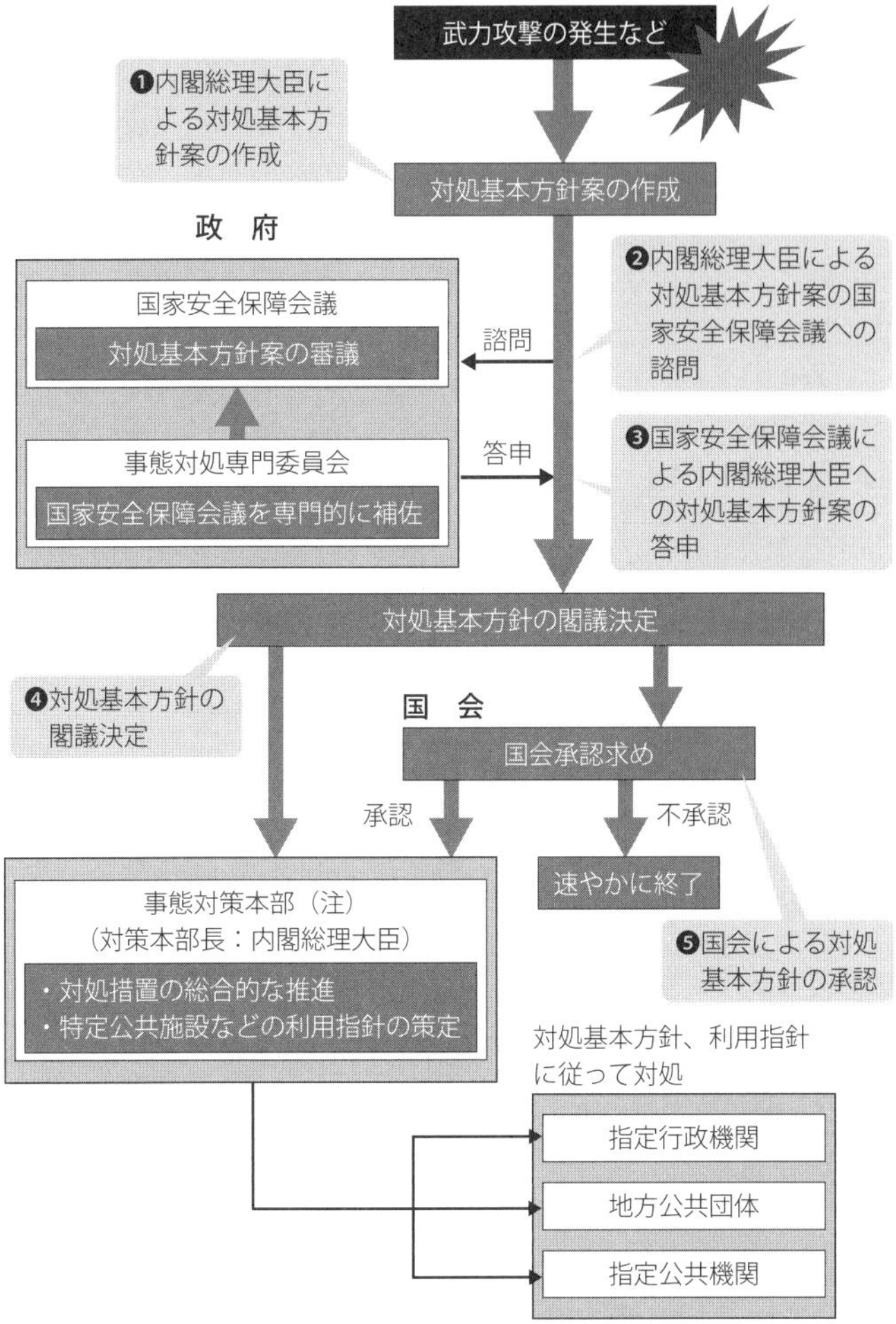

（注）武力攻撃事態等又は存立危機事態への対処措置の総合的な推進のために内閣に設置される対策本部

出典　令和元年版防衛白書

■ 重要影響事態

法律上は「**そのまま放置すれば我が国に対する直接の武力攻撃に至るおそれのある事態等我が国の平和及び安全に重要な影響を与える事態**」と定義されている「**重要影響事態**」は、存立危機事態と同じく二〇一五年の平和安全法制において、それまでは「**周辺事態**」と呼ばれていたものの名称と一部の内容を改めたものです。

じつは、重要影響事態というのは先ほど見た存立危機事態も含む非常に範囲が広い概念で、たとえば、日本の近くのある国で武力紛争が発生して、もしかしたら日本にも攻撃が及ぶかもしれない事態が発生したとするとこれは重要影響事態ですが、そこで、場合によってはそこから存立危機事態に発展する可能性もあります。

この重要影響事態において、自衛隊はアメリカ軍などに対する後方支援や捜索救助活動、船舶検査活動などを行うことができますが、武力攻撃事態や存立危機事態と違って武力を行使することはできません。

■学校生活で例えてみよう③

それでは、この存立危機事態を学校生活に置き換えながら考えてみましょう（126ページの図2-8参照）。

昼休みにE君が教室で友達とある映画について話し合っていると、少し遠くの方でたまたま親友のF君が全く同じ話をしていました。二人はこの映画について全く同じ感想を持っていて、これまでも何度か同じ話を二人でしていたのです。

そこで、「お前もこっちに混ざれよ」とF君に声をかけようとしたところ、同じクラスのG君が「それは違うよ！」とF君に食って掛かりました。その後F君とG君は激しい口論となり、E君は「このままだと同じ話をしていたこっちにまで火の粉が飛んでくるかもなぁ……。何とかしないと」と思っていたところにちょうど先生が入ってきて、口論は収まりました。

図2-8　重要影響事態の例

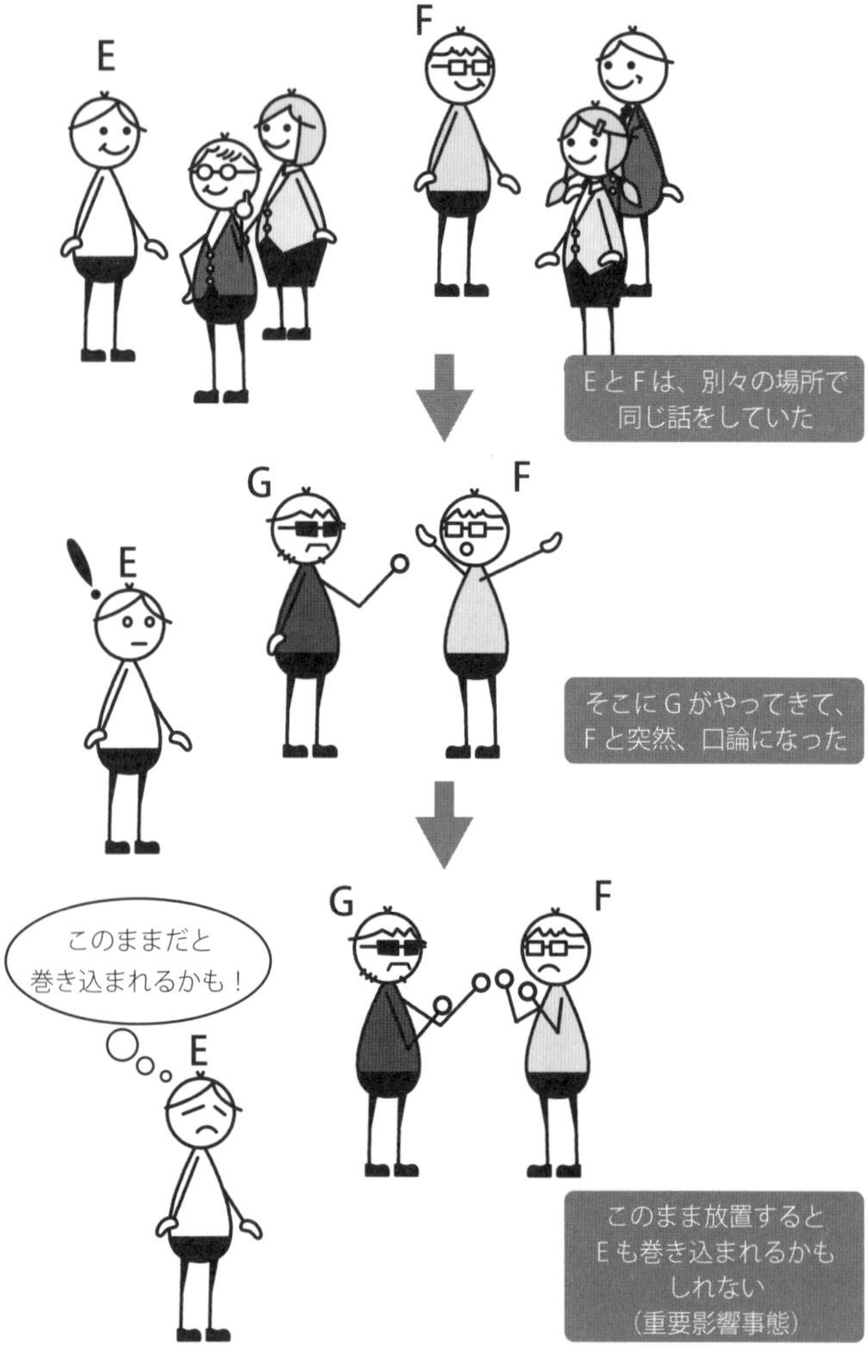
E
F
EとFは、別々の場所で
同じ話をしていた
G
F
E
そこにGがやってきて、
Fと突然、口論になった
G
F
このままだと
巻き込まれるかも！
E
このまま放置すると
Eも巻き込まれるかも
しれない
（重要影響事態）

この場合、E君とF君は同じ映画について同じ感想を抱いていますから、何かの拍子でF君が「そういえばE君もこの映画については同じ感想を持っていたよ」なんてことを口にすれば、口論の火の粉はE君にも降りかかってきますよね。このように、その時にはまだ自分に直接の被害はないものの、そのまま放置すれば自分にまで害が及ぶというのがまさに重要影響事態なのです。

■ グレーゾーン事態

ここで取り上げる中では唯一法的な定義が存在しないのが、この「**グレーゾーン事態**」です。そのため、これには必ずしも定まった定義があるわけではありませんが、ざっと説明すると「**武力攻撃は発生していないため純然たる有事とは言えないが、全く平和というわけでもないため純然たる平時ともいえない事態**」ということになります。

どういうことかというのは具体例を使って説明します。たとえばある島に正体不明の武装した漁民が上陸してきたとします。普通、漁民が武装しているわけはありませんから、どこかの国の工作員か、あるいは軍に属する民兵の可能性を疑いますよね。しかし、そんな証拠はどこにもないため、とりあえずは彼らを犯罪者集団と位置付けて警察力で対処することになる、というのが典型的なグレーゾーン事態の例です。

この場合、この武装漁民が明確にどこかの国の機関に所属していたり、あるいは軍人そのものであれば、これは武力攻撃事態に該当し得るでしょう。しかし、その証拠が無いので事態の認定ができないため、「平時でもないが有事でもない」事態が生じるというわけです。

ほかにも、たとえば日本の領海内をどこかの国の潜水艦が潜航したまま通過したり、あるいは海上自衛隊の護衛艦と一緒に警戒監視を行っていたアメリカ海軍の艦艇に突如として攻撃が行われた事態なども、グレーゾーン事態に該当します。

これらの例に共通するのは、「相手の正体や意図が分からない」ということで、逆に言えば、それさえわかればそれが単なる犯罪行為（平時）なのか、それとも武力攻撃（有事）なのかがはっきりするわけです。

■ 学校生活で例えてみよう④

それでは、このグレーゾーン事態を学校生活に置き換えて考えてみましょう（130ページの図2-9参照）。

H君が率いる学生グループは、他校の有名な不良グループと対立状態にありました。ある日、登校中のH君に私服の男が襲いかかってきました。H君はこれを何とか撃退しましたが、結局その正体は分からず、不良グループとの関係は疑わしいものの、証拠をつかむことはできませんでした。

この場合、もしH君に襲いかかってきた男が不良グループのメンバーだと分かっている状態であれば、この襲撃は不良グループによるものと分かります。しかし、その正体が分からない以上、男が急に襲いかかってきたというほかなく、これをきっかけに不良グループを責めることもできません。このように「主体も意図も分からない」というのが、このグレーゾーン事態のポイントなのです。

図2-9　グレーゾーン事態の例

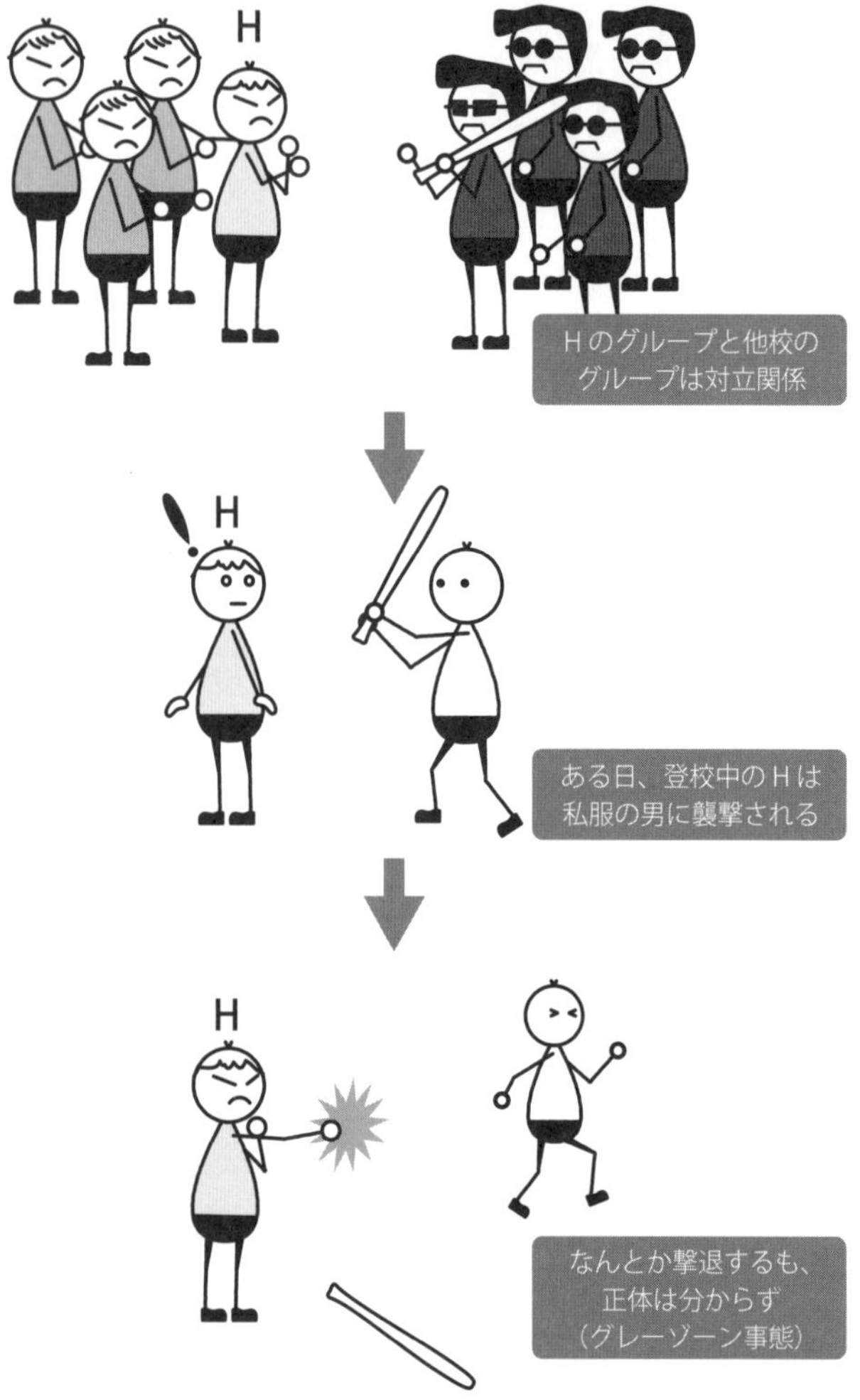
H
Hのグループと他校のグループは対立関係
H
ある日、登校中のHは私服の男に襲撃される
H
なんとか撃退するも、正体は分からず（グレーゾーン事態）

2-6 「武力の行使」と「武器の使用」は何が違うの？

このあとの第三章では、「武力の行使」と「武器の使用」という非常に似通った言葉が何度も出てきます。一見すると何が違うのか全く分かりませんが、じつはこの二つを区別することは非常に重要なのです。では、両者は何が違うのか、順を追って見ていきましょう。

「武力の行使」と「武器の使用」の定義

まずは、両者の定義がどう違うのかについて見てみましょう。

(1) 武力の行使とは

日本政府によると、「**武力の行使**」**とは**「**国家の物的・人的組織体による国際的な武力紛争の一環としての戦闘行為をいう**」と定義されています。しかし、これではなんだかよくわからないので、これをさらに細かくして見ていきましょう。

■ ①「国家の物的・人的組織体」

まず、「**国家の物的・人的組織体**」とは、この後の文言も踏まえれば、国家間での戦いの主体となる組織ということになりますから、これは他国でいうところの軍隊、日本では自衛隊を指すということになります。

■ ②「国際的な武力紛争」

次に「**国際的な武力紛争**」とは、日本政府によると「**国家又は国家に準ずる組織の間において生ずる武力を用いた争い**」と定義されています。ここでいう「国家に準ずる組織」というのは、国家の要素（政治的支配体制・領域・国民）のうちのいずれかを有している組織のことを指します。

■③「戦闘行為」

最後に「**戦闘行為**」とは、「**国際的な武力紛争の一環として行われる人を殺傷し又は物を破壊する行為**」と定義されています。ちなみに、この戦闘行為に関しては、「国家又は国家に準ずる組織の間」でさえ行われていればすべて戦闘行為になる、というものではありません。たとえば、二〇〇三年七月二日に当時の石破茂防衛庁長官は、何が戦闘行為にあたるかについて国会で次のように答弁しています。

「国際的な武力紛争の一環として行われるものかどうかの判断基準はどう判断すべきかということでございます。それは先ほど申し上げましたように、当該行為の実態に応じ、国際性、計画性、組織性、継続性などの観点から個別具体的に判断をすべきものでございます。

その意味から申し上げますと、国内治安問題にとどまるテロ行為、あるいは散発的な発砲や小規模な襲撃などのような、組織性、計画性、継続性が明らかではない、偶発的なものと認められる、それらが全体として国または国に準ずる組織の意思に基づいて遂行されていると認められないようなもの、そういうものは戦闘行為には当たらないというふうに考えます。」

つまり、戦闘行為とは組織性や計画性や継続性があり、国または国に準ずる組織の意思に基づいて行われるものでなければならないということになります。

そこで、これらを組み合わせてみると、武力の行使とは、「**軍隊などによる、国家又は国家に準ずる組織の間において生ずる武力を用いた争いの一環として行われる人を殺傷し又は物を破壊する行為**」となります。

武器の使用とは

一方で、日本政府によれば、**武器の使用**とは「**火器、火薬類、刀剣類その他直接人を殺傷し、又は武力闘争の手段として物を破壊することを目的とする機械、器具、装置をその**

物の本来の用法に従って用いることをいう」と定義されています。

ここでいう「本来の用法」とは「人を殺傷したり物を破壊すること」ですが、ただし武器の使用自体は相手に向けて武器を向けた段階から開始されます。つまり銃であれば相手に銃口を向けた段階から武器の使用になるということになります。

でも、この武器の使用の定義を見ると、結局武力の行使でも武器を使うわけだから結局一緒じゃないの？　と思われるかもしれません。しかし、果たして本当にそうでしょうか。

▼武器使用とは相手に銃口を向けたときから始まるというイメージ

出典　第1師団HP

武力の行使と武器の使用の違い

（1）武器を使用する主体が違うケース

たしかに、武力の行使は武器の使用も含む概念ではあります。しかし、全ての武器の使用が武力の行使となるわけではありません。たとえば、刃物を持った男が近づいてきたので警察官が発砲して取り押さえたケースを考えてみると、これはどう考えても武力の行使ではありませんよね。なぜなら、これは立派な警察活動であると同時に、警察官は軍人でも自衛官でもないからです。

そもそも武力の行使とは「国家の人的・物的組織体＝軍隊や自衛隊」によって行われるものですから、軍人でも自衛官でもない警察官が職務執行のために武器を使用しても、それが武力の行使になることはあり得ないわけです。

それでは、自衛官が武器を使用すれば、それは必ず武力の行使となるのでしょうか？じつはそれも違います。

(2) 武器を使用する相手が違うケース

たとえば、警察や海上保安庁では対処できない事態が発生した場合に、自衛隊が代わりに治安を維持する「治安出動」や「海上警備行動」というものがあります。そこでは自衛官に武器を使用する幅広い権限が盛り込まれていますが、これは武力の行使にあたるかというと、やはりあたりません。なぜなら、この場合に自衛隊が相手にするのは基本的に「国家または国家に準ずる組織」ではなく、単に治安を乱す犯罪者集団やテロリストに過ぎないからです。

これは自衛隊が海外で活動する場合でもそうです。たとえば国連平和維持活動（ＰＫＯ）に参加する場合には、自衛隊が活動することに関する受け入れ国（自衛隊が活動する国）の同意や停戦合意が結ばれていることを条件としているため、後で見る「**自己保存型武器使用（自分の身を守るための武器使用）**」に該当しない武器使用であっても、それが武力の行使にあたることは基本的にはありません。なぜなら自衛隊の活動について受け入れ国が同意をしている以上、受け入れ国が自衛隊の武器使用の相手方になることは法的にありえないからです。

では、相手が「国家または国家に準ずる組織」であるならば、それは武力の行使になるのかというと、これもそうではありません。

■（3）自分の身や武器等を守るケース

たとえ相手が国家または国家に準ずる組織であった場合でも、自分や自分の管理の下にある人間の生命を守るための武器の使用は、いわば人が生まれながらにして持っているような自然権的権利に基づくものであるため、このようないわゆる「自己保存型武器使用」は武力の行使にはあたらないと理解されています。

また、自衛隊が保有する武器などが奪われたり破壊されたりしないように、これらを職務上警護している自衛官に認められる「**武器等防護のための武器使用**」は、自然権的権利とは違うものの、たとえば武器を退避させたりしてもなお武器を使うほかないとか、警護対象が破壊された、あるいは相手が襲撃を中止した場合には武器の使用を中止しなければならないなど、きわめて受動的な要件が課されているため、これもたとえ相手が国家または国家に準ずる組織であった場合でも武力の行使にはあたりません。

(4) そもそも相手の意図が確認できないケース

さらに、相手が国家または国家に準ずる組織であったとしても、それが組織性や計画性などを有していないような場合には、これを日本に対する武力攻撃とは見なせないために、たとえ相手側に対して自衛隊が武器を使用するにしても、それは武力の行使にはあたりません。

たとえば、日本に弾道ミサイル等が飛来してきた場合にこれを自衛隊が撃ち落とす「**弾道ミサイル等に対する破壊措置**」というものがあります。これは、北朝鮮が発射した弾道ミサイルや衛星用ロケットが日本に向かって落下してくることを念頭に置いた規定です。

この場合、飛来してくる弾道ミサイルは例えば北朝鮮という国家または国家に準ずる組織が発射しているわけですが、ポイントは、この規定が想定しているのは、これが日本を攻撃しようとしているのか、それとも単に事故でたまたま日本に落ちてきたのかが判然としない状態でこれを撃ち落とす措置だということです。相手の意図が分からない以上、これを北朝鮮の日本に対する武力攻撃（組織的計画的な武力の行使）とは見なせません。

そのため、とりあえずこれに対しては国民の生命などを守るための公共の秩序の維持（警察活動）の一環として、武器の使用で対処するというのがこの弾道ミサイル等に対する破壊措置なのです。

▼海上自衛隊の護衛艦「きりしま」から発射される弾道ミサイル迎撃用ミサイルのSM-3

出典　https://www.dvidshub.net/

なぜ両者の区別が重要なのか

それでは最後に、なぜ武力の行使と武器の使用を区別することが重要なのかについて、お答えしたいと思います。

それは、基本的に武力の行使は憲法違反になるからです。憲法第九条一項に規定されている通り、武力の行使は自衛権の行使の場合（つまり武力行使の新三要件に該当する場合）を除いて憲法上は違憲となるのはすでに確認した通りです。つまり、それ以外の武力の行使は全て憲法違反となるわけですから、これらを区別することは極めて重要なのです。

第三章

自衛隊には何ができるの？

3-1 自衛隊が行っている警戒監視活動って何？

▼防衛省設置法第四条十八号

「防衛省は、次に掲げる事務をつかさどる。
十八　所掌事務の遂行に必要な調査及び研究を行うこと」

「何も起きていない平和な状態」を指している平時において、自衛隊は特に何もしていなさそう、あるいは何もしなくてもいいように思えてしまいますよね。しかし、実際には自衛隊はさまざまな活動をしています。たとえば、演習場や訓練海空域ではもしもの時に備えるためのさまざまな訓練を実施していますし、あるいは後で見るように対領空侵犯措置なども行っています。なかでも代表的な活動が、これから説明する「**警戒監視活動**」です。

警戒監視活動とは

警戒監視活動は、分かりやすく言えばパトロールのことで、日本の周辺に広がる海空域で何か不審な動きはないかを二十四時間三百六十五日監視しています。たとえば、航空自衛隊は日本全国に二十八か所あるレーダーサイトによって日本の周辺を飛行する航空機をチェックし、海上自衛隊は哨戒機や艦艇を洋上に展開して、航行する船舶に目を光らせているほか、陸上自衛隊も沿岸監視隊という部隊によって日本の沿岸部を航行する船舶を監視しています。

警戒監視活動の根拠

こうした警戒監視活動の法的根拠となっているのが、防衛省設置法第四条十八号のいわゆる「**調査研究**」という規定です。

図3-1　わが国周辺海空域での警戒監視のイメージ

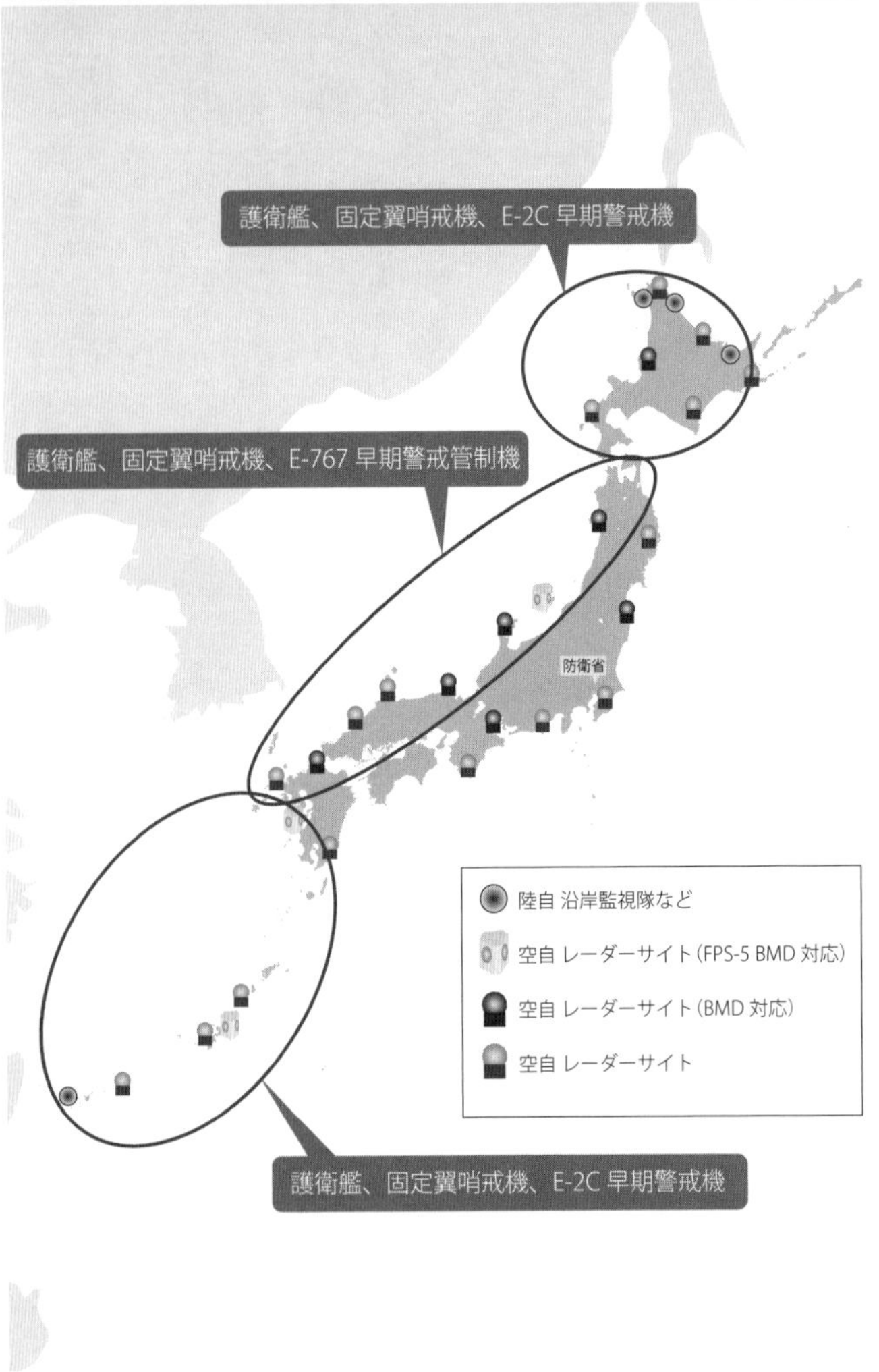

出典　令和元年版防衛白書に基づいて作成

ここで、防衛省設置法というあまり聞きなれない法律について少し説明したいと思います。そもそも、日本政府が「〇〇省」というものを設置するためには、そうした省などの設置やその組織内容について定めた国家行政組織法という法律の第三条二項に基づき「××という任務を行うための〇〇省を設置します」という内容を定めた法律、いわゆる「設置法」を制定する必要があります。つまり、防衛省を設置するための法律がこの「防衛省設置法」というわけです。

そして、この防衛省設置法では防衛省が担当する仕事（所掌事務）についても規定されていて、その中の一つに「所掌事務の遂行に必要な調査及び研究を行うこと」というものがあります。これが調査研究です。

調査研究を例えてみよう

もう少し分かりやすくするため、ちょっと例を使って説明してみましょう。

あなたは、学校の文化祭でクラスの出し物に使う衣装を制作する係に任命されました。この場合、「衣装を作ること」があなたの「所掌事務」、つまり「割り振られた仕事」です。そして、衣装を作るためには裁縫や洋服に関するさまざまな資料を図書館で調べる必要がありますよね。この「資料を調べること」がこの場合の「調査研究」にあたります。

防衛省・自衛隊の場合、日本の防衛や警備に関すること、そしてそれに関する情報の収集と整理が「所掌事務」で、そのための方法である警戒監視が「調査研究」ということになるわけです。

「調査研究」で対応の理由

でも、自衛隊が日本周辺をパトロールすることが、なぜ調査研究にあたるのでしょうか。たしかに、調査研究というと語感的に先ほどの例でみたような「資料を調べたり、何かを研究する」というような印象が強いですよね。これについては次のような理由が考えられます。

自衛隊がどこかで活動したり、あるいは何かあった際に日本を防衛するためには、活動する地域に関するさまざまな事前情報が必要になります。たとえば、ある海域をいつも自衛隊が見張っていれば、そこでいつもとは違う不審な動きがあったときに、いち早くその変化に気づくことができますし、また何もなかったとしても、季節ごとの天候の変化などを記録しておけば、そこで活動する際の重要な資料となります。

つまり、これは自衛隊が活動する際に必要な事前情報の調査研究という風に言いかえられるかもしれません。

「調査研究」は便利な規定

この調査研究という規定ですが、これは実際のところかなり応用がきく便利な規定となっています。たとえば、二〇〇一年九月十一日に発生した米国同時多発テロを受けて、九月二十一日に神奈川県横須賀基地を出港するアメリカの空母「キティホーク」を、突然のテロ攻撃に備えて海上自衛隊の護衛艦が東京湾でエスコートしたということがありましたが、その時の活動根拠はまさにこの調査研究の規定でした。

また、調査研究に基づく活動は日本周辺においてのみ実施されるものではありません。二〇二〇年二月、イランとアメリカの対立を発端とする中東での情勢不安定化を受けて、日本に関係する船舶の安全を確保するべく、日本政府は海上自衛隊の護衛艦「たかなみ」を中東に向けて派遣しましたが、この際の法的根拠も同様に調査研究でした。

▼中東での情報集活動にあたる護衛艦「たかなみ」

出典　統合幕僚監部HP

武器使用にはハードルも

しかし、この調査研究を根拠とする警戒監視活動にも問題がないわけではありません。法律の条文を見れば明らかですが、この調査研究には「こういう場合には武器を使うことができる」という、いわゆる武器使用に関する規定が存在しないため、警戒監視活動に従事する自衛官には武器の使用が基本的には認められていないのです。

そこで、たとえば情勢が緊迫した場合において海上自衛隊の哨戒機や航空自衛隊の航空機が警戒監視活動に従事する場合には、それとは別に航空自衛隊の戦闘機を同じく調査研究を根拠として派遣し、彼らに自衛隊法第九十五条「武器等防護のための武器使用」（防護対象の武器等が破壊されたりすることを防ぐために特定の自衛官が武器を使用する規定）に基づく防護任務を付与することが想定されています。

さらに、先ほど紹介した護衛艦「たかなみ」の場合には、不測の事態に備えて「たかなみ」自体を守るという目的でその乗員に武器等防護のための武器使用を命じることが想定されていました。

ここがポイント！

①自衛隊は常日頃から日本周辺をパトロールする「警戒監視」を行っている。
②警戒監視の法的根拠である「調査研究」とは、「防衛省・自衛隊に割り振られた仕事をするための調査研究」ということ。
③調査研究は便利な規定だが、武器使用にはハードルもある。

3-2 現代にも海賊がいるの？　海賊対処行動って何？

▼自衛隊法第八十二条の二

「防衛大臣は、海賊行為の処罰及び海賊行為への対処に関する法律（平成二十一年法律第五十五号）の定めるところにより、自衛隊の部隊による海賊対処行動を行わせることができる。」

日本にとって海賊の存在は死活問題

四方を海に囲まれる日本は、石油や天然ガスなどに代表される天然資源といった国民生活に不可欠な物資の多くを海外からの輸入に頼っています。そこで問題になるのが、海の安全を脅かす海賊です。

海賊とは、略奪など私的な目的で船などを公海上で襲撃する不法集団で、国際的には「人類共通の敵」と認識されています。

こうした海賊によって日本に石油や天然ガスなどを運搬する船が襲撃されれば、日本の経済には大きな影響が及ぼされてしまいます。そこで、こうした状況に自衛隊が対応するのが「**海賊対処行動**」です。ここでは、アフリカのソマリア沖で行われている海賊対処行動について取り上げたいと思います。

例を使って分かりやすく考えてみよう

それでは、この海賊対処行動について、例を交えながら分かりやすく考えてみましょう。

あなたが風紀委員長を務める学校は、学校の周辺で起きた問題でも生徒が関わる問題には風紀委員会が積極的に関与してきました。

しかし、最近になって駅前に変な大人がたむろし、お金を奪われたり暴力を振るわれたりするなど、生徒にも害が及ぶようになったという問題が発生してきました。

これについて風紀委員会では対応を検討しましたが、やはり駅前というのは学校から距離があり、委員の生活にも影響が出るうえに、何より相手が大人である以上、風紀委員会だけでの対応には限度があるという結論に至りました。

そこで、登下校時には学校の教員が駅前に向かい、生徒を守るという方針が決まり、問題は見事に解決しました。

海上保安庁ではなく海上自衛隊が対応する理由

さて、この例では本来生徒に関する問題に対応するはずの風紀委員会が、①学校から駅までの距離が遠い、②相手が大人であるという二つの理由から、この問題への対応を教員へとバトンタッチしました。じつは、これは海賊対処に関してもほぼ同じです。

海賊は海上での違法行為ですから、第一義的には海の警察機関である海上保安庁が対応すべき事案です。しかし、実際にソマリアに派遣されているのは海上自衛隊の護衛艦と哨戒機です。なぜ海上保安庁の巡視船ではなく、海上自衛隊が派遣されているのでしょうか。

これには次のような理由があります。

①日本とソマリアまでは約一万二千キロメートルも離れている
②海賊はロケットランチャーなどで武装している
③他の国はソマリア沖に軍艦を派遣して対応している

一応、海上保安庁の活動範囲については法的にも特に決まりがないため、海上保安庁の巡視船がソマリア沖で活動すること自体は何の問題もありません。しかし、一万二千キロメートルも離れた場所に、定期的に船を回す余裕は海上保安庁にはありませんし、重武装の相手に対応できるかどうかわからず、何より他国が軍艦を派遣している以上、海上保安庁では連携に問題があるかもしれませんよね。

そうした理由から、海上自衛隊の部隊がソマリア沖にずっと派遣されているわけです。

自衛隊はどんな船を守ることができるの？

当初、海上自衛隊による海賊対処については、海上保安庁では対応できない事態が発生した際に、それに代わって自衛隊が警察活動を行う海上警備行動（自衛隊法第八十二条）によって実施されました。

海上警備行動は「海上における人命若しくは財産の保護」を目的として行われますが、ここでいう人命や財産というのは基本的には日本人のものを指していると解釈されています。そのため、この時に海上自衛隊が防護できる船舶は、

①日本籍船
②日本人が乗船する外国籍船
③我が国の船舶運航事業者が運航する外国籍船又は我が国の積荷を輸送している外国籍船であって我が国国民の安定的な経済活動にとって重要な船舶

という、いわゆる「**日本関係船舶**」に限られていました。

しかし、その後二〇〇九年に成立した「**海賊対処法**」によって、自衛隊は海賊に襲われている船を区別なく防護できるようになりました。これは、国際法上海賊はどの国でも管轄権（法律を執行したり裁判にかけたりする国家の統治権限）を及ぼすことができる「**普遍的管轄権**」が認められているためです。

海上自衛隊はどんな体制で海賊に対処しているの？

現在、海上自衛隊は護衛艦一隻と対潜哨戒機二機をかわるがわる継続的にソマリア沖に派遣し、同じくアフリカのジブチ共和国に拠点を設けて、そこから海賊対処行動を実施しています。

具体的には、対潜哨戒機が上空から海賊を見張るとともに、護衛艦は海上で民間船舶にぴったりと張り付く「直接護衛」（エスコート）や、それ以外の場合には一定の海域をパトロールする「ゾーンディフェンス」を行います。

ちなみに、このうちのゾーンディフェンスは、アメリカ軍を中心とする海賊対処の国際的な取り組みである「第１５１合同任務部隊（ＣＴＦ１５１）」の下で行われており、じつは二〇一五年から二〇二〇年の間には、海上自衛隊の海将補（海外でいう少将）が計四回も司令官に就任していました。

▼護衛艦「あさぎり」による直接護衛の様子

出典　海上自衛隊HP

図3-2　自衛隊による海賊対処のための活動

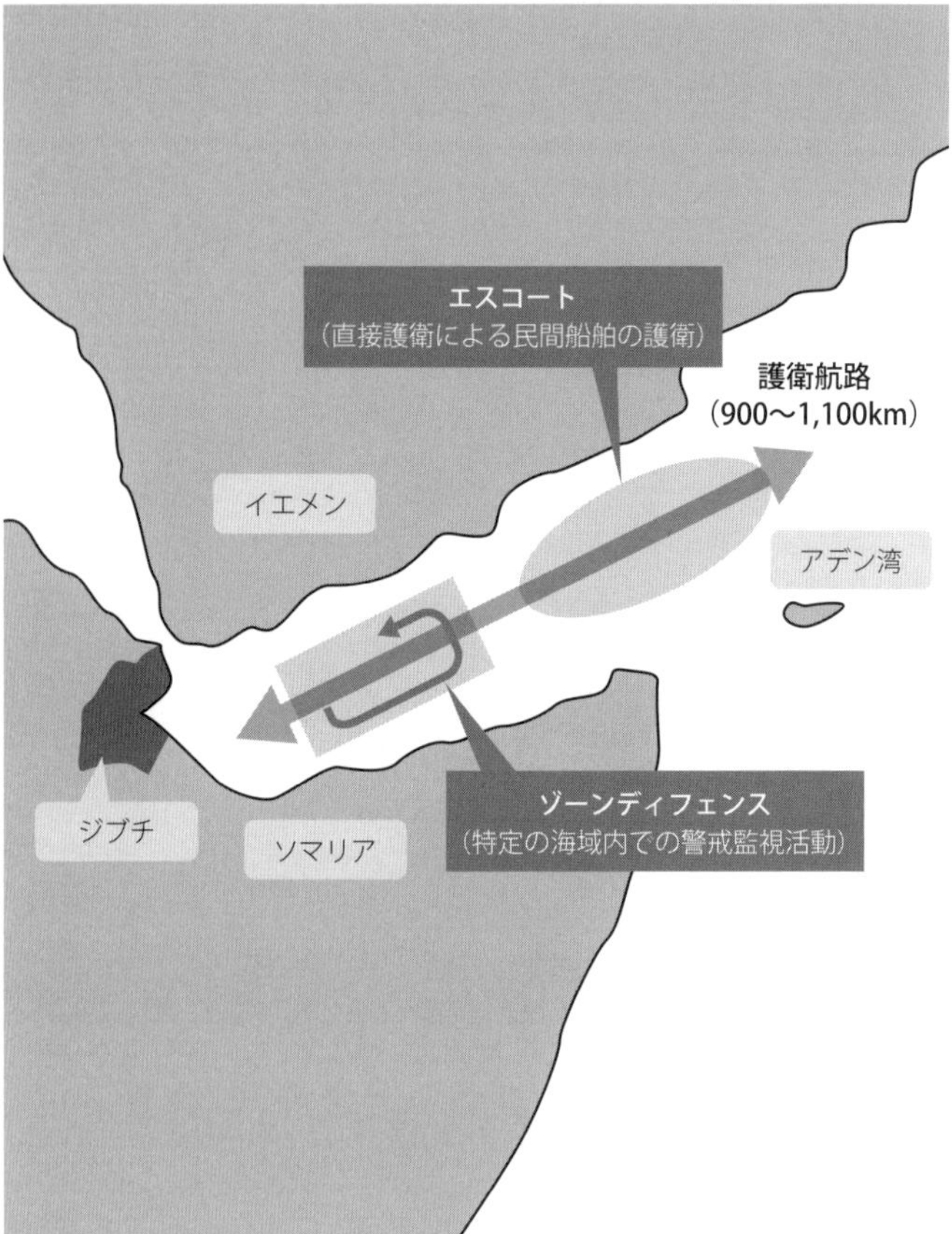

出典　『令和元年防衛白書』を参考に作図

そして、もし海賊行為が行われているのを確認した場合には、警告や武器使用によって民間船舶を防護することになります。

じつは海上保安官も乗り込んでいるそのワケとは

あまり知られていないかもしれませんが、海賊対処行動のためにソマリア沖に展開している海上自衛隊の護衛艦には、海上自衛官が乗り込んでいるのはもちろんのことですが、じつは一緒に海上保安官も乗り込んでいるのです。それは一体なぜでしょうか。

その理由は、海上自衛官では海賊の逮捕や取り調べなどすることができないからです。犯罪者を逮捕して取り調べを行うことができるのは**司法警察職員**と呼ばれる地位を有しているものだけで、自衛官はその地位を有していないのです。

そのため、司法警察職員である海上保安官を乗船させることによって、海賊を逮捕し、取り調べなどを行えるようしているというわけです。

▼護衛艦に同乗する海上保安官：右から2人目

出典　2015年版海上保安レポート

▼ソマリア沖に派遣された護衛艦「あさぎり」の勇姿

出典　海上自衛隊HP

図3-3　派遣部隊の編成

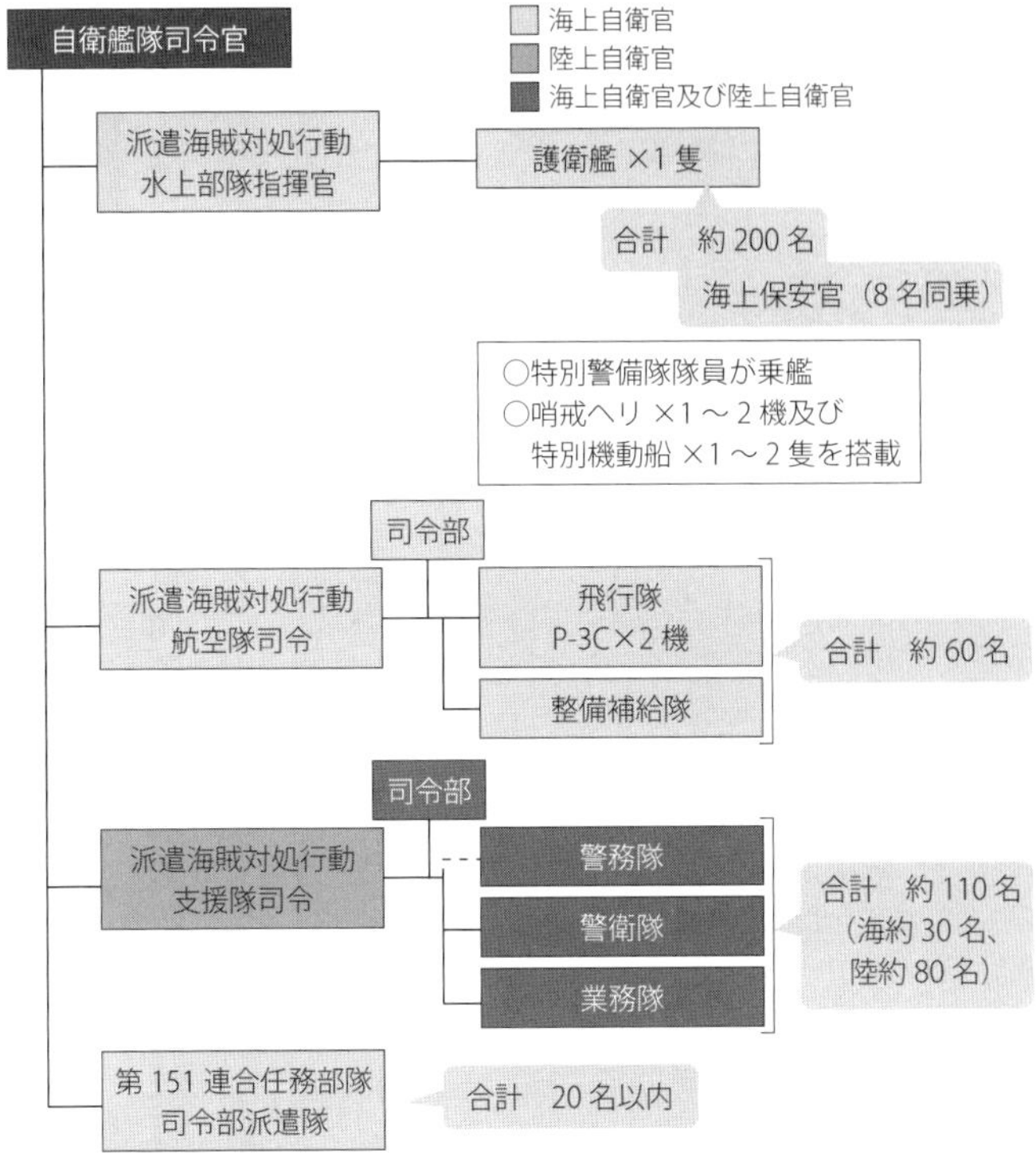

【派遣海賊対処行動水上部隊】
護衛艦による民間船舶の護衛及び第 151 連合任務部隊（CTF151）の中でのゾーンディフェンスを実施
【派遣海賊対処行動航空隊】
P-3C 哨戒機によるアデン湾の警戒監視飛行を実施
【派遣海賊対処行動支援隊】
派遣海賊対処行動航空隊などが海賊対処行動を行うために必要な支援に係る業務を実施
【第 151 連合任務部隊司令部派遣隊】
CTF151 司令官・司令部要員を務める自衛官が CTF151 に参加する各国部隊などとの連絡調整を実施
＊この他、航空支援集団司令官隷下に、C-130H などからなる空輸隊を編成し、所要に応じ、物資などの航空輸送を実施

出典　令和元年版防衛白書に基づいて作成

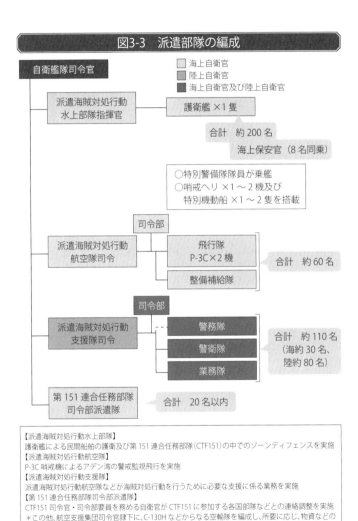

ここがポイント！

①公海上などで発生する海賊に自衛隊が対応するのが「海賊対処行動」。
②ソマリア沖の海賊の場合、日本との距離・相手の武装・他国軍との連携を考慮して、海上保安庁ではなく海上自衛隊が対応している。
③護衛艦には海賊を逮捕したりするために海上保安官も同乗している。

3-3 災害が起きたら、自衛隊はどんな基準で出動するの？

▼自衛隊法第八十三条

「都道府県知事その他政令で定める者は、天災地変その他の災害に際して、人命又は財産の保護のため必要があると認める場合には、部隊等の派遣を防衛大臣又はその指定する者に要請することができる。

2　防衛大臣又はその指定する者は、前項の要請があり、事態やむを得ないと認める場合には、部隊等を救援のため派遣することができる。ただし、天災地変その他の災害に際し、その事態に照らし特に緊急を要し、前項の要請を待ついとまがないと認められるときは、同項の要請を待たないで、部隊等を派遣することができる。

3　庁舎、営舎その他の防衛省の施設又はこれらの近傍に火災その他の災害が発生した場合においては、部隊等の長は、部隊等を派遣することができる。」

地震や台風、さらに近年では突発的な集中豪雨など、日本はまさに災害大国といっても過言ではありません。特に最近では、二〇一九年九月と十月に立て続けに日本列島に上陸した台風十五号および十九号が、関東地方を中心に深刻な被害をもたらしました。

このような大規模災害に際して、被災地で活躍する自衛隊の姿を目にすることはもはや珍しくありませんが、こうした災害時における自衛隊による活動の根拠法が自衛隊法第八十三条「**災害派遣**」です。

災害派遣で自衛隊は何ができる？

災害派遣において自衛隊が行うことができるのは、たとえば被災者の捜索や救助、さらに土砂やがれきを撤去して道や水路を切り開くといった、災害に見舞われた現場での直接的な活動から、被災者のために ご飯を作ったり、給水をしたり、はたまた自衛隊が使用す

▼2019年の台風19号における災害派遣の給水作業の様子

出典　陸上自衛隊HP

る移動式のお風呂を被災者に解放したりという被災者に寄り添った活動まで、非常に多岐に渡ります。

災害派遣はあくまで「応急処置」例を使って考えてみよう

ただし、災害派遣はあくまでも災害発生後の一時的な応急措置として実施されるものであり、こうした救援活動は被災地の本格的な復旧や復興を目的としたものではない、ということは認識しておく必要があります。

どういうことか、例を使って考えてみましょう。

ある日、あなたは学校での部活中に足に大怪我を負いました。これは包帯を巻けば治るなんてレベルのものではありません。このままでは手遅れになるかもしれないため、先生に付き添われながら病院に行き、緊急手術を受けて何とか事なきを得ました。

しかし、しばらくは松葉杖を使って生活をすることになったあなたは、部活に戻るべく、必死にリハビリをして、見事松葉杖なしでも走り回ることができるようになりました。

（1）災害派遣の要件

まず、この例では足に大怪我を負ったのであなたは病院に行くことになりました。しかし、たとえばちょっと転んでひざを擦りむいたから病院に行く、なんてことはあり得ませんよね？　その程度の怪我であれば絆創膏を貼って自分で治すことができるからです。それと同じように、災害派遣というのは、

①公共の秩序を維持するために派遣が必要であることを求める「公共性」
②派遣を行う差し迫った必要性があることを求める「緊急性」
③自衛隊の派遣以外に他に適当な手段がないことを求める「非代替性」

という三つの要件に当てはまらなければ、行うことができないのです。

▼2016年の熊本地震で被災地支援を終え、撤収する自衛隊

出典　統幕HP

（2）災害からの復興は災害派遣ではできない

次に、あなたは足の大怪我を治療するために緊急手術を受けました。しかし、その後しっかり自分の足で走り回れるようになったのは、自分でリハビリを重ねた結果ですよね。それと同じように、災害派遣というのはあくまでも他の組織ではどうすることもできないような事態に、自衛隊が応急処置にあたるというものです。つまり、怪我でいえばその後のリハビリ、災害でいえば本格的な復旧や復興というのは、自衛隊の果たすべき役割ではないのです。

災害派遣には三種類ある

じつは、災害派遣には大まかに（1）要請に基づく派遣、（2）自主派遣、（3）近傍派遣という三つの形態があります。それぞれについて順に見ていきましょう。

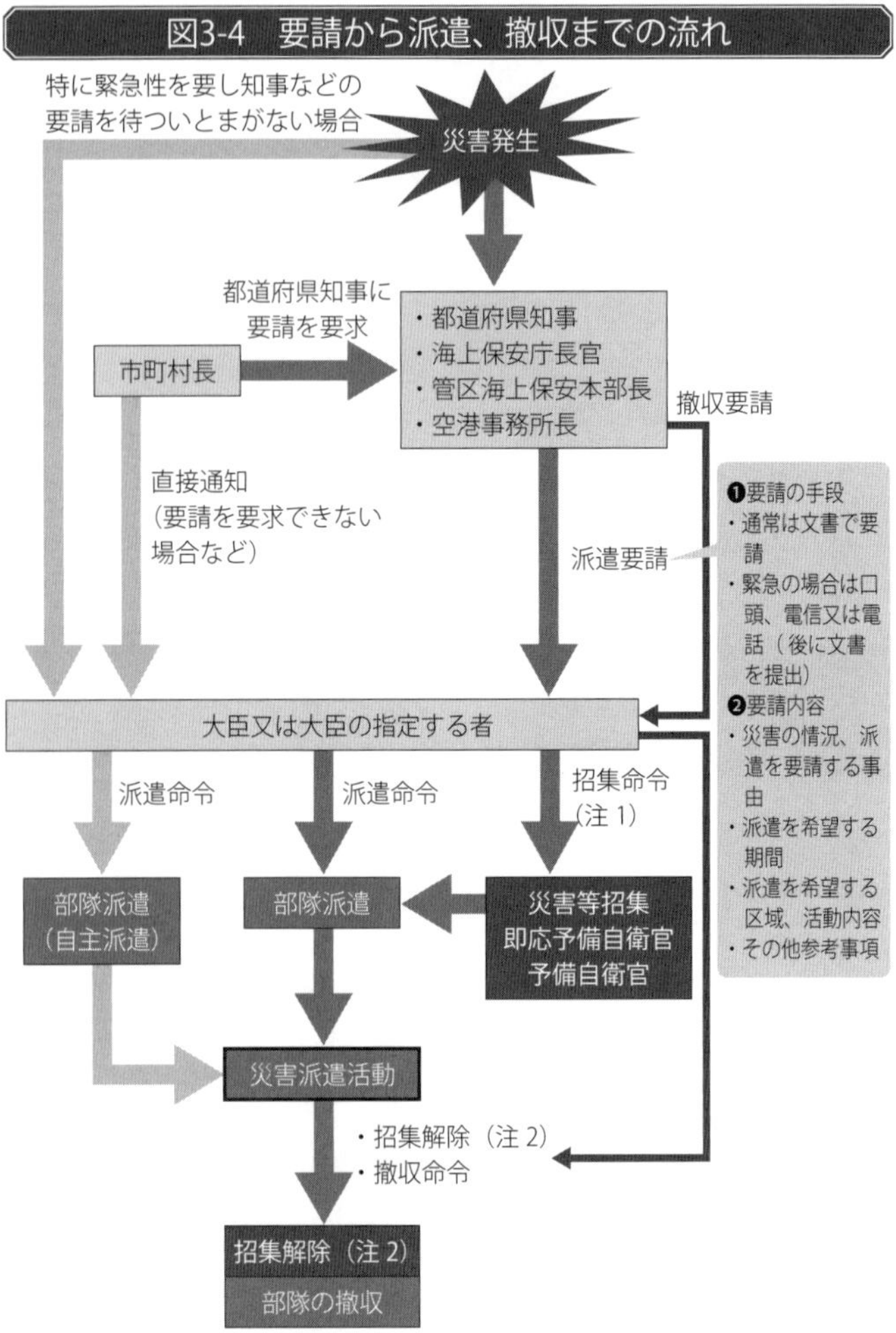

図3-4　要請から派遣、撤収までの流れ

（注 1）　即応予備自衛官及び予備自衛官の招集は、防衛大臣が、必要に応じて内閣総理大臣の承認を得て行う。

（注 2）　防衛大臣が即応予備自衛官、予備自衛官の招集を解除すること

出典　令和元年版防衛白書

二　(1) 要請に基づく派遣（自衛隊法第八十三条二項）

要請に基づく派遣は、都道府県知事・海上保安庁長官・管区海上保安本部長・空港事務所長（自衛隊法施行令第百五条）から、防衛大臣またはその指定する者（陸上総隊司令官・自衛艦隊司令官・航空総隊司令官等：自衛隊の災害派遣に関する訓令第三条）に対する要請に基づいて行われる災害派遣です。

また、市町村長は自らの市町村において災害が発生した場合には、都道府県知事に対して自衛隊の災害派遣を要請するよう要求することができますが、これができない場合には市町村長が直接防衛大臣またはその指定する者に対して災害の状況等を通知することができます。

これを受けて、その災害への対応が特に緊急を要し、都道府県知事からの要請を待つ余裕がないと防衛大臣またはその指定する者が認めた場合には、要請を待たずに災害派遣を行うことができます（災害対策基本法第六十八条の二）。

■（2）自主派遣（自衛隊法第八十三条二項但し書き）

自主派遣は、突発的に発生した災害への対応が緊急を要し、都道府県知事等からの要請を待つ余裕がない場合に、防衛大臣またはその指定する者が要請を待たずに行う災害派遣です。

これを行うための判断基準としては、

①災害に際し、関係機関に対して当該災害に関する情報を提供するため、自衛隊が情報収集を行う必要があると認められること（例：災害時に航空機による情報収集を行なう場合）

②災害に際し、都道府県知事等が自衛隊の災害派遣に関する要請を行うことができないと認められる場合に、直ちに救援の措置をとる必要があると認められること（例：災害に際し、通信の途絶等により都道府県知事等と連絡が不能である場合）

③災害に際し、自衛隊が実施すべき救援活動が明確な場合に、当該救援活動が人命救助に

関するものであると認められること（例：自衛隊が災害の発生を知り、捜索救助が必要である場合）

④その他災害に際し、上記に準じ、特に緊急を要し、都道府県知事等からの要請を待ついとまがないと認められること

が挙げられています（防衛省防災業務計画）。

（3）近傍派遣（自衛隊法第八十三条三項）

近傍派遣は、庁舎、営舎その他の防衛省の施設又はこれらの近傍、つまり近くで火災その他の災害が発生した場合に部隊等の長が行う災害派遣で、たとえば防衛省の施設の近くの民家で火災が発生した場合に自衛隊が消火活動を行うことなどがこれにあたります。

災害に常時備える「ファストフォース」

自衛隊は、いつどこで災害が発生しても対応できるように、全国各地の陸上・海上・航

空自衛隊の駐屯地や基地において即応部隊を編成しています。それまで単に「初動対処部隊」と呼ばれていたこの部隊には、より国民にも分かりやすく、そして安心感を与えられるように、二〇一三年に「**FAST-Force（ファストフォース）**」という名称が与えられました。ちなみに、ファストフォースの「FAST」は、「First：発災時の初動において」「Action：迅速に被害収集、人命救助及び」「SupporT：自治体等への支援を」「Force：実施する部隊」の略称です。

ファストフォースは、震度五弱以上の地震が発生した場合には速やかに情報収集できる態勢を、震度五強以上の地震が発生した場合には航空機による情報収集ができる態勢を確立することを共通の目標としています。

陸上自衛隊は全国で人員約三千九百名・車両約千百両・航空機約四十機が、命令を受けてから一時間を基準に出動できる態勢をとっています。

海上自衛隊は各地方総監部所在地ごとに対応艦艇一隻が指定されているほか、全国で航空機約二十機が十五分から二時間を基準に出動できる態勢をとっています。

航空自衛隊は全国で対領空侵犯措置のために待機中の航空機を転用するほか、航空救難や緊急輸送任務のために待機中の航空機約十〜二十機が十五分から二時間を基準に出動で

図3-5 大規模災害などに備えた待機態勢（基準）

共通 震度5弱以上の地震が発生した場合は、速やかに情報収集できる態勢 ※震度5強以上の地震が発生した場合は、航空機による情報収集を実施
FAST-Force（陸自） 全国で初動対処部隊（人員：約3,900名、車両：約1,100両、航空機：約40機）が24時間待機し1時間を基準に出動 各方面隊ごとに、ヘリコプター（映像伝送）、化学防護、不発弾処理などの部隊が待機
FAST-Force（海自） 艦艇待機：地方総監部所在地ごと、1隻の対応艦艇を指定 航空機待機（約20機）：各基地において、15分～2時間を基準に出動
FAST-Force（空自） 航空救難及び緊急輸送任務のための待機（約10～20機）：各基地において、15分～2時間を基準に出動 必要に応じて、対領空侵犯措置のため待機中の航空機が、情報収集のため出動

出典 令和元年版防衛白書

きる態勢をそれぞれ整えています。

ここがポイント！

①災害派遣の実施には「公共性」「緊急性」「非代替性」という要件を満たす必要がある。
②災害派遣には大まかに「要請による災害派遣」「自主派遣」「近傍派遣」という三つの形態がある。
③自衛隊は常に災害派遣に備えるための態勢である「ファストフォース」を備えている。

3-4 日本の領空を外国軍機が侵犯！自衛隊は何をする？

▼自衛隊法第八十四条

「防衛大臣は、外国の航空機が国際法規又は航空法（昭和二十七年法律第二三一号）その他の法令の規定に違反してわが国の領域の上空に侵入したときは、自衛隊の部隊に対し、これを着陸させ、又はわが国の領域の上空から退去させるため必要な措置を講じさせることができる。」

国際法上、ある国の領土・領水の上空に広がる「領空」には、その国の排他的な主権が及んでいます。そのため、航空機が他国の領空に無断で侵入した場合にはそれだけでも国際違法行為にあたり、これを「**領空侵犯**」といいます。自衛隊が公表しているところによれば、これまでに日本で発生した領空侵犯の回数は三十九回（一九六七年から二〇一七年

▼対領空侵犯措置にも用いられる空自のF-15J

出典 航空自衛隊HP

にかけての回数：統合幕僚監部発表）で、そのほとんどはソ連・ロシア軍機によるもの（三十六回）です。

こうした領空侵犯に対して航空自衛隊が行っているのが「**対領空侵犯措置**」です。

「領空侵犯」を分かりやすく考えてみよう！

それでは、これを私たちの身近な出来事におきかえながら考えてみましょう。

ある日、Aさんが自宅で家事をしていると、家の外に設置してある人感センサー付きの監視カメラに反応がありました。不審に思ったAさんが外を覗いてみると、なんと見知らぬ男が庭に侵入しようとしていました。

急いで外に出たAさんは、男に今すぐ庭から出ていくよう伝えましたが、男に出ていく様子は見られません。そこで、今から警察を呼ぶので、その場にとどまるように伝えると、男が急に暴れだしたので、Aさんは念のために持ってきたホウキで男をたたき、なんとか家の敷地外へと追い出すことに成功しました。

自衛隊による実際の対応と比較してみよう！

(1) 領空侵犯機の探知

さて、この例ではAさんの家の敷地内に設置してある監視カメラに反応があるところから話がスタートします。

実際に自衛隊では領空を監視するために、全国津々浦々に航空機を探知するレーダーを設置しています。そして、そこで事前に受け取っている航空機の飛行計画（どこからどこまでこういうルートで飛行しますよ、ということなどを記した計画書）をもとに、そこには記載されていない場所を飛んでいる航空機などを見つけると、航空自衛隊の戦闘機に「緊急発進（スクランブル）」がかけられ、その航空機が一体どこの国のものであるかを確認するのです。

(2) 領空侵犯機への通告

続いて、Aさんは外にいる見知らぬ男に、①家の外に出ろ②警察が来るからそこにいろ、と伝えます。

実際に、緊急発進をした航空自衛隊の戦闘機を操縦するパイロットは、相手の航空機が日本の領空に侵入した時点で警告を発しますが、まず「あなたは日本の領空を侵犯しています。直ちに引き返しなさい」と伝え、それに従わない場合は「今からあなたを自衛隊の基地に着陸させます。私の誘導に従ってください」と伝える手順になっています。

(3) 領空侵犯機への実力行使

そして、「警察を呼びますよ」と伝えた瞬間に暴れだした男に対して、Aさんは手に持っていたホウキを使って対応します。

これは実際の対領空侵犯措置でも同じです。もし、相手の航空機が自衛隊の戦闘機に向かって実力をもって抵抗してきた場合には、自衛隊のパイロットは自分自身の命や一緒に飛行している味方の戦闘機のパイロットの命を守るために、相手の航空機に対して武器を使用することができます。つまり、最悪の場合には相手を撃ち落とすことができるわけです。

じつは自衛隊にとって対領空侵犯措置は特殊な任務？

ちなみに、この対領空侵犯措置に関しては、自衛隊にとっても非常に特殊な措置ということが言えるので、この点についても解説しておきたいと思います。

ふつう、誰かが街中で悪さをしていたら、それを捕まえるのは自衛隊ではなく警察の仕事ですよね。同じく、海の上で悪さをしていたら、それを捕まえるのは自衛隊ではなく海上保安庁の仕事です。つまり、基本的に日本の陸地や海上の秩序を守るのは、こうした警察組織です。

しかし、空の場合は事情が異なります。じつは、空には警察や海上保安庁のような専門の警察機関が存在しないのです。そこで、戦闘機を数多く保有する航空自衛隊が、「空の警察組織」の役割を担っているというわけです。

防空識別圏と領空は何が違う？

ちなみに、対領空侵犯措置と関連して、ニュースなどでよく耳にする言葉に「**防空識別圏**（**ADIZ**）」というものがあるかと思います。

防空識別圏とは、ある国が自国の領空の外側に独自に設定する空域のことで、その主な目的は自国の領空に接近する国籍不明機を識別・監視し、対領空侵犯措置の実施を容易にすることです。

すでに説明したように、対領空侵犯措置は、他国の航空機が日本の領空を侵犯したときに行われます。しかし現代の航空機は非常に速度が速いため、対象機が領空を侵犯してから戦闘機を発進させたのでは、対応が手遅れになってしまいます。

そこで、防空識別圏という警戒エリアを設けて、そこを飛ぶ飛行計画にない航空機に対して戦闘機を緊急発進（スクランブル）させ、その機種や国籍を確認するわけです。

防空識別圏では何ができる？

それでは、この防空識別圏に他国の航空機が無断で入ってきた場合、領空の場合と同様に国際法に違反するのかというと、じつはそうではありません。

これは、防空識別圏が設定される空域は基本的には排他的経済水域（ＥＥＺ：沿岸国に資源開発など一定の分野に関する権利が認められる海域）および公海の上空にあたり、そこには領空のように特定の国の主権が及ばないため、国際法上全ての国の航空機に対して上空飛行の自由が認められているためです。

図3-6　わが国および周辺国・地域の防空識別圏（ADIZ）

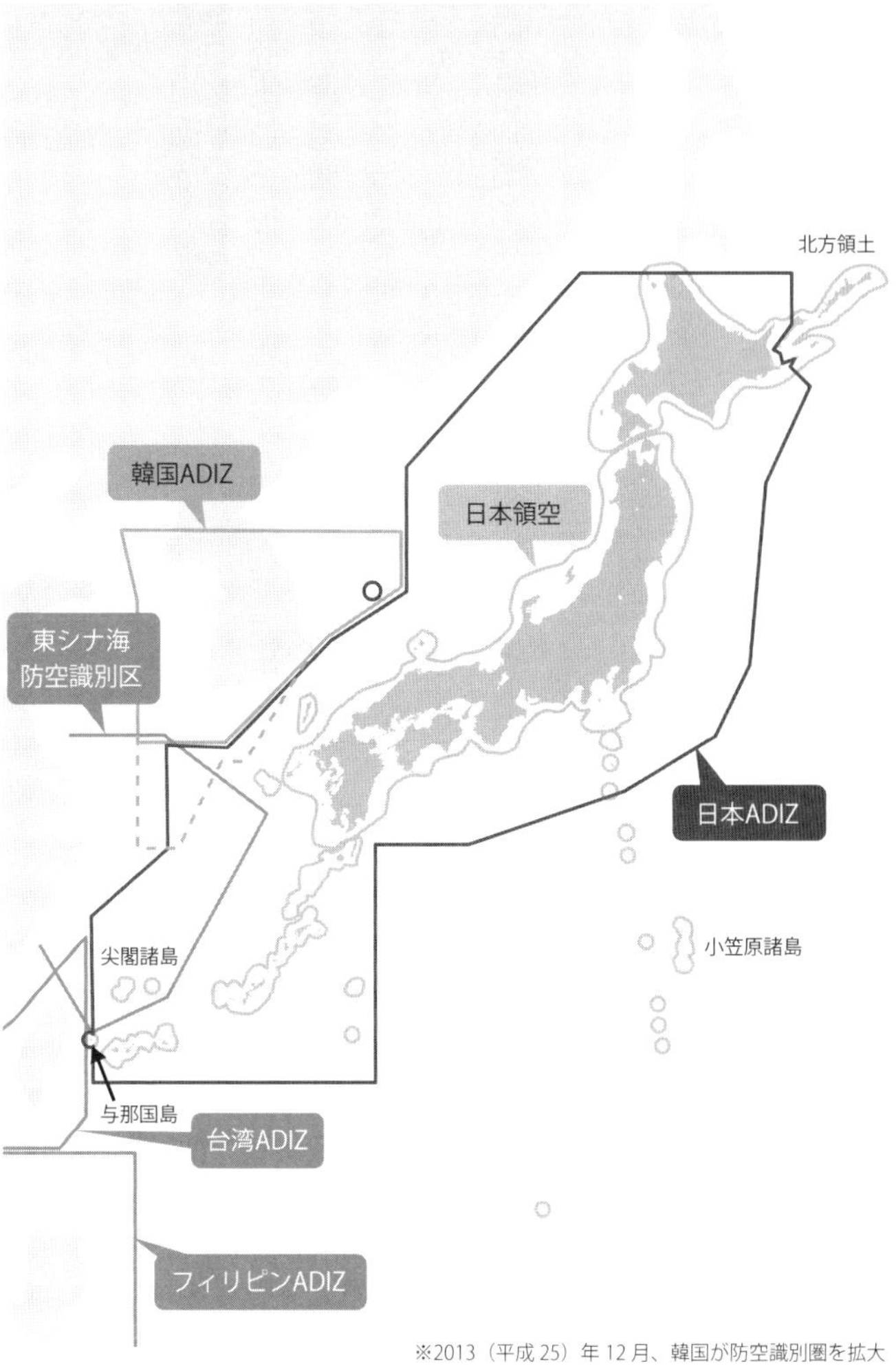

※2013（平成25）年12月、韓国が防空識別圏を拡大
ADIZ：Air Defense Identification Zone

出典　令和元年版防衛白書

つまり、防空識別圏に他国の航空機が進入してきたとしても、自衛隊機は対領空侵犯措置のように何か強制的な措置を実施できるわけではないということになります。

ここがポイント！

①他国の領空に勝手に侵入すると「領空侵犯」となり、国際法違反にあたる。
②領空侵犯機に対しては航空自衛隊の戦闘機が対応する。
③警告や退去命令を無視し、かつ相手が抵抗してきた場合には、反撃できる。
④航空自衛隊は空の警察としての役割を担っている。
⑤防空識別圏と領空では自衛隊の対応が異なる。

3-5 領海内を外国の潜水艦が潜没航行！自衛隊はどうする？

▼自衛隊法第八十二条

「防衛大臣は、海上における人命若しくは財産の保護又は治安の維持のため特別の必要がある場合には、内閣総理大臣の承認を得て、自衛隊の部隊に海上において必要な行動をとることを命ずることができる。」

敵に探知されることなく海の中をひっそりと進み、情報を収集したり攻撃を仕掛けることから、俗に「海の忍者」とも称される潜水艦ですが、もしもそんな潜水艦が日本の近海、それも領海の水中に現れた場合、自衛隊はどのようにしてこれに対応するのでしょうか。

例を使って考えてみよう

それでは、これについて例を挙げながら考えてみましょう。

Aさんは自宅の庭にきれいな桜並木を持っていて、毎年春になるとこれを近所の人に向けて開放しています。

ある日、酔っ払いがこの庭に入ってきて、桜を楽しんでいる人たちに迷惑をかけるようになったため、Aさんはこの酔っ払いに繰り返し出ていくよう指示し、しつこく追いかけまわしました。

そうするうちに観念した酔っ払いは数時間後にようやく出ていきました。

「領海」や「無害通航権」って何？

さて、この例ではAさんの庭を近所の人に解放していますが、ふつうはこうした私有地に他の人が勝手に入るなんてことはできませんよね。これは、先ほど「領空侵犯」について解説した際の領空に関するルールと一緒です。

それでは、領空の下に位置し、同じく国家の領域を構成する「領海」の場合はどうなるのでしょうか。

領海とは、領域を定めるための基準となる「基線」から最大で十二海里（およそ二十二キロメートル）までの間で設定できる、その国の主権が及んでいる帯状の海域のことを言います。じつは、この領海においては、一定のルールを守ったうえで「ただ単に船が入って通り抜けるだけ」であれば、国際法上何の問題もありません。これを「**無害通航**」といいます。

しかし、裏を返せば、一定のルールを守らずに他国の領海に侵入した場合には、それは無害通航とは認められず、国際法に違反する行為ということになります。

図3-7　領海・排他的経済水域等模式図

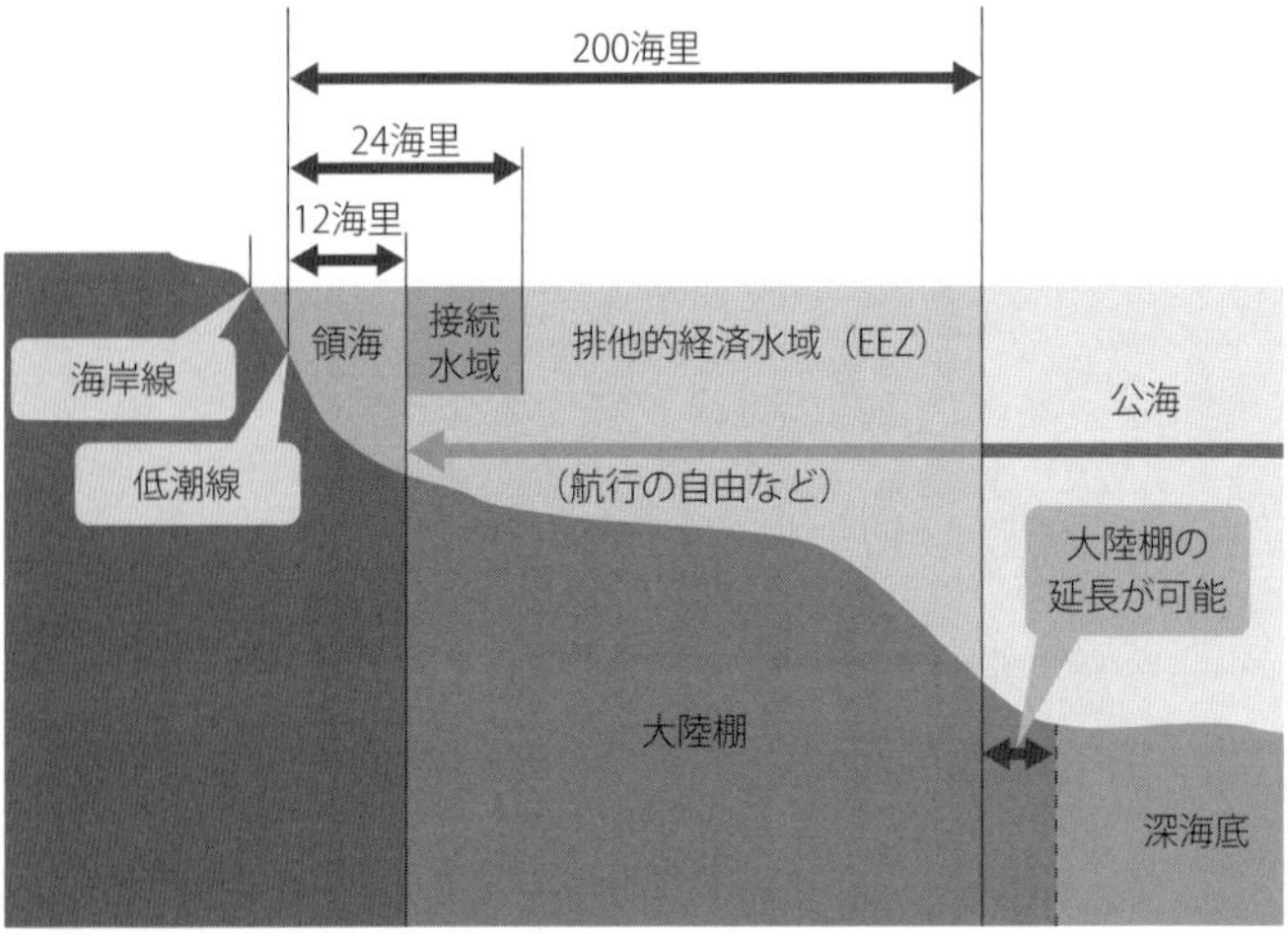

EEZ：Exclusive Economic Zone

出典　海上保安庁HP

領海を通航する際のルールとは？

それでは、その一定のルールとはどのようなものなのでしょうか。海洋に関するルールについて定めた国連海洋法条約によれば、まず、無害「通航」とされている以上、たとえば領海内を目的なくうろうろと徘徊したり、あるいは錨を下ろして停船したりすることは認められません（第十八条）。

また、たとえそれが通航にあたるとしても、その態様や目的が沿岸国にとって「無害」とは認められない場合には、やはりそれは無害通航とは認められません。ここでいう無害とは、おもに沿岸国の平和や秩序、または安全を害しないことを意味します（第十九条一項）。それでは、どのような行為が沿岸国の平和や秩序、安全を害するのかというと、具体的には次の通りです（第十九条二項）。

・武力による威嚇又は武力の行使であって、沿岸国の主権、領土保全若しくは政治的独立

に対するもの又はその他の国際連合憲章に規定する国際法の諸原則に違反する方法によるもの

・兵器（種類のいかんを問わない。）を用いる訓練又は演習
・沿岸国の防衛又は安全を害することとなるような情報の収集を目的とする行為
・沿岸国の防衛又は安全に影響を与えることを目的とする宣伝行為
・航空機の発着又は積込み
・軍事機器の発着又は積込み
・沿岸国の通関上、財政上、出入国管理上又は衛生上の法令に違反する物品、通貨又は人の積込み又は積卸し
・この条約に違反する故意のかつ重大な汚染行為
・漁獲活動
・調査活動又は測量活動の実施
・沿岸国の通信系又は他の施設への妨害を目的とする行為
・通航に直接の関係を有しないその他の活動

ちなみに、漁船や貨物船といった民間船舶はともかく、軍艦に対しても同様に無害通航権が認められているのかという問題も存在します。たしかに、軍艦が自国の沿岸に接近することは安全保障上の懸念を生じさせるという捉え方もできるかもしれませんが、少なくともアメリカやイギリス、日本といった世界の大半の国は、軍艦にも無害通航権が存在するという立場をとっています。

潜水艦には特別のルールが

先ほどの沿岸国の安全を害する具体的な活動の規定には、「潜水艦は領海内を潜航してはいけない」とは書かれていません。では、潜水艦が領海を潜ったまま通過することは国際法上問題がないのかというと、それは違います。同じ条約の第二十条にはこうあります。

▼第二十条　潜水船その他の水中航行機器

> 「潜水船その他の水中航行機器は、領海においては、海面上を航行し、かつ、その旗を掲げなければならない。」

つまり、潜水艦がどこかの国の領海内を通航する際には、海面上に浮上したうえで、どこの国に属しているのかを示すための旗を掲げる必要があるのです。ですから、潜水艦が領海内を潜航する行為は、国際違法行為に該当するわけです。

自衛隊は海上警備行動で対応

そこで、もし日本の領海内にどこかの国の潜水艦が潜航しながら侵入してきた場合、当然日本側としてはこれに対処する必要があります。国際法上、このように無害でない通航を行う艦船に対して、沿岸国（この場合は日本）にはこれを止めさせる権利である「**保護権**」の行使が認められます。冒頭の例でいえば、Aさんが酔っ払いにしつこく出ていけと指示したのがこれにあたります。

しかし、今回の潜水艦をはじめとする軍艦や、どこかの国の政府機関に属する公船については、沿岸国の法律を適用して取り締まりを行うことができません。これを「**管轄権免除**」といいます。そのため、基本的に沿岸国がとることができる措置は領海外への退去を促すにとどまります。

このような場合には、防衛大臣が海上自衛隊に対して「**海上警備行動**」を発令することになります。海上警備行動とは、海の警察ともいえる海上保安庁の力だけでは海上の人命や財産を保護できないというような場合に、海上自衛隊がそれを補完するべく対応にあたるというものです。今回のケースでは、海中に潜む潜水艦を追跡したり警告したりするための手段を海上保安庁が持ち合わせていないために、海上自衛隊が対応するというわけです。

▼海上自衛隊のSH-60K対潜ヘリが潜水艦捜索のためソナーを海中に投入する様子

出典　海上自衛隊HP

閣議決定の手続きに関する問題をどうやって解決した？

さて、海上警備行動について定める自衛隊法第八十二条を見てみると、防衛大臣は「内閣総理大臣の承認を得て」自衛隊の部隊に海上において必要な行動をとることを命ずることができる、と規定されています。

ここでいう内閣総理大臣の承認とは、総理大臣に「はい分かりました」という承諾を得る、なんてシンプルなものではありません。じつは、総理大臣が何かを決定するためには、まず内閣の閣僚（各省の大臣といった内閣のメンバー）などが集まり、総理大臣を議長として開催される閣議における決定、いわゆる**閣議決定**が必要となります（内閣法第六条）。

つまり、ここでいう総理大臣の承認というのは、その前提として海上警備行動の発令に関する閣議決定が行われている必要があるわけです。

しかし、潜水艦が日本の領海内を航行しているという一刻を争う事態に際して、いちいち閣議決定を経て海上警備行動を発令するというのでは時間がかかってしまいますよね。そこで、潜水艦への対応に関しては、一九九六年（平成八年）十二月に行った閣議決定に従い、新たな閣議決定を行うことなく総理大臣の承認を得て迅速に防衛大臣が海上警備行動を発令できる仕組みが構築されています。

この仕組みに基づいて、実際に二〇〇四年十一月に中国の漢級原子力潜水艦が日本の領海内を潜没航行した事件では、新たな閣議決定を行うことなく総理大臣の承認を得て防衛庁長官（当時）が海上警備行動を発令し、海上自衛隊が対応にあたりました。

しかし、この事例においてはそれでも海上警備行動が発令されるまでに時間がかかってしまったため、その反省を踏まえて、現在では日本に接近する潜水艦に関する情報を政府内で素早く共有し、もしそれが領海内に侵入してきた場合には防衛大臣が直ちに海上警備行動を発令することができるようになっています。

海上警備行動で自衛隊はどこまでできる？

海上警備行動が発令されると、まずは潜没航行する潜水艦に対して、国際法に従い海面に浮上して旗を掲揚することを求め、それに従わずに潜没航行を続ける場合には、領海外への退去を要求することになります。

そこで問題となるのは、一体自衛隊はどんなことをどこまでできるのか？　ということです。例えば、先ほどの二〇〇四年の事例では、海上自衛隊は護衛艦や対潜哨戒機、ヘリコプターなどを多数動員して潜水艦を見失うことなく追跡しましたが、たとえば警告のために爆弾を落としたりはしませんでした。海上警備行動は海上保安庁の肩代わりをする、いわゆる警察活動ですから、武器を使用するための規定には警察官職務執行法第七条などが援用されます。

▼対潜哨戒機P-1

出典　海上自衛隊HP

そのため、武器を使用できるのは相手方が攻撃をしてきたような場合の正当防衛や、緊急避難の場合などに制限されているため、単に領海内を潜没航行しているというだけでは、国際法上もその行為に釣り合うレベルでの対応のみが許されるということもあって、武器を使用する際のハードルは高いというのが現状です。

ここがポイント！

①領空とは違い、領海内では「無害通航権」が認められる。
②潜水艦は潜ったまま他国の領海内を通過してはいけない。
③潜没航行する潜水艦に対して、自衛隊は海上警備行動で対応する。
④武器使用には制約がある。

3-6 ある日突然弾道ミサイルが！自衛隊には何ができる？

▼自衛隊法第八十二条の三

「防衛大臣は、弾道ミサイル等（弾道ミサイルその他その落下により人命又は財産に対する重大な被害が生じると認められる物体であって航空機以外のものをいう。以下同じ。）が我が国に飛来するおそれがあり、その落下による我が国領域における人命又は財産に対する被害を防止するため必要があると認めるときは、内閣総理大臣の承認を得て、自衛隊の部隊に対し、我が国に向けて現に飛来する弾道ミサイル等を我が国領域又は公海（海洋法に関する国際連合条約に規定する排他的経済水域を含む。）の上空において破壊する措置をとるべき旨を命ずることができる。」

▼自衛隊法第八十八条

「第七十六条第一項の規定により出動を命ぜられた自衛隊は、わが国を防衛するため、必要な武力を行使することができる。」

二〇一六年から二〇一七年にかけて、北朝鮮はじつに四十発もの弾道ミサイルを発射しました。二〇一八年以降はその発射回数はグッと減少したものの、依然として弾道ミサイルを多数保有しているという事実に変わりはありません。そこで、もしある日突然弾道ミサイルが日本に向けて発射されたという場合に、自衛隊はこれにどのように対応するのでしょうか。

弾道ミサイルってどうやって撃ち落とすの？

弾道ミサイルが発射された場合、まずは目標地点に到達する前にこれを撃ち落とさなければなりません。この弾道ミサイルを撃ち落とす一連の仕組みのことを「**BMD（弾道ミサイル防衛）**」といいます。

弾道ミサイルが発射されると、まずは宇宙空間に配置されている衛星が発射時に放出される熱を捉えて、弾道ミサイルが発射されたという警報が発せられます。それを受けて、弾道ミサイルが飛んでくる方向に向けて地上や海上のレーダーが捜索を開始し、そこで弾道ミサイルが捕捉されると、まずは海上に配備された海上自衛隊やアメリカ海軍のイージス艦から迎撃ミサイルの「ＳＭ-３」が発射され、宇宙空間で迎撃が行われます。

それをかいくぐってさらに弾道ミサイルが接近してきた場合には、いわばゴールキーパーともいうべき航空自衛隊の地上配備型迎撃システム「ＰＡＣ-３」が迎撃を行うという形で、いわば二段構えの体制が整えられています。

図3-8　BMD運用の簡略化したイメージ

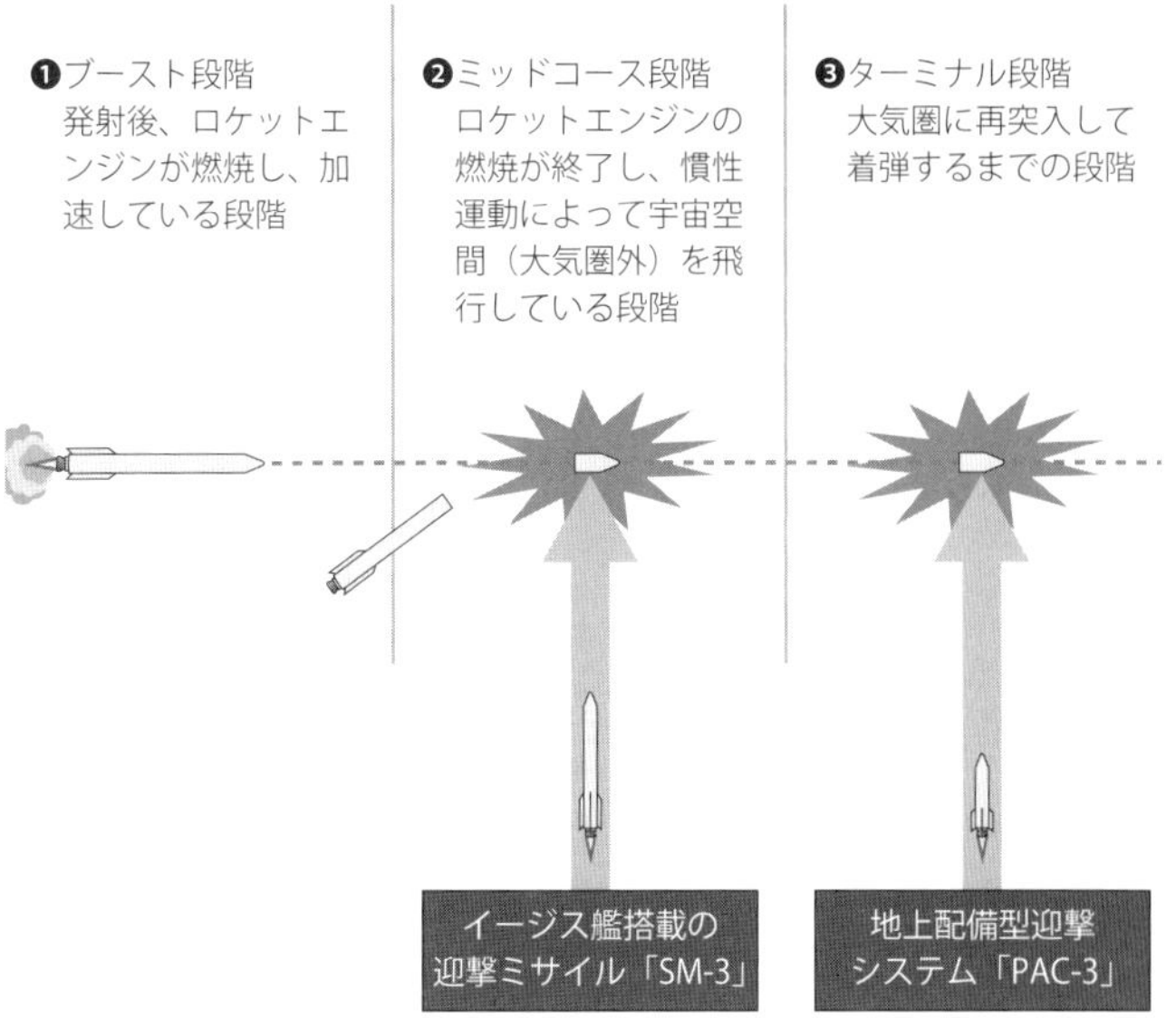
❶ブースト段階
発射後、ロケットエンジンが燃焼し、加速している段階
❷ミッドコース段階
ロケットエンジンの燃焼が終了し、慣性運動によって宇宙空間（大気圏外）を飛行している段階
❸ターミナル段階
大気圏に再突入して着弾するまでの段階
イージス艦搭載の迎撃ミサイル「SM-3」
地上配備型迎撃システム「PAC-3」

BMD：Ballistic Missile Defense、弾道ミサイル防衛

弾道ミサイルが飛来する二つのパターンとは

さて、日本に向けて弾道ミサイルが飛来するというのはどのような場合が想定されるでしょうか。まずは、相手国が日本に向けて攻撃を仕掛けてきたという場合が考えられます。これはつまり第二章で確認した「武力攻撃事態」に該当します。

しかしもう一つ、相手国の意図はよくわからないが、とりあえず日本に向けてミサイルが飛んできているという場合も考えられます。

たとえば、日本を飛び越える形で飛んでいくと考えられたミサイルが何らかの事故によって空中で爆発してしまい、その破片が日本に降ってきたというケースや、あるいは本当にヒューマンエラーやシステムの誤動作によって日本に向けてミサイルが発射されてしまったというケースなどがあり得ます。

例を挙げて考えてみよう

でも、日本に弾道ミサイルが飛んできているのはどちらも変わらないのに、どうしてわざわざ場合分けをしなければならないのかと疑問に思われる方がいらっしゃるかもしれませんので、ここで一つ、例を挙げて考えてみましょう（215ページの図3-9参照）。

■ケース①

近所の空き地で少年野球をしていたA君は、ある日近所に住むおじいさんから「音がうるさいからここで遊ぶんじゃない！」と強い口調で怒鳴られてしまいました。これを快く思わなかったA君は、自分がバッターになったときにわざとボールをおじいさんの家に向けて打ち返し、敷地内にある何かにボールを当てて仕返しをしようと考えました。バッターボックスに立ったA君は「今からあの家めがけてボールを飛ばしてやるぜ」とわざわざ宣言をしたうえで、ピッチャーが投げたボールを打ち返しました。すると、ボールは見事におじいさんの家に向かって飛んでいき、庭に置いてあった植木鉢に命中、これを破壊しました。

■ケース②

近所の空き地で少年野球をしていたB君は、自分に打順が回ってきた際に、ボールを打ち返す方向を誤ってしまい、不幸にも近所のおじいさんの家の庭に置いてあった植木鉢に命中、これを意図せずに壊してしまいました。

二つのケースは何が違う？

①のケースではA君は意図的におじいさんの家めがけてボールを打ち返しています。つまり明確な目的をもってボールをおじいさんの家に飛ばしているわけです。

一方で、②のケースではそれとは事情がだいぶ異なりますよね。B君はおじいさんの家に向かってボールを飛ばそうとは全く考えていなかったにも関わらず、結果的には意図せずしてボールはおじいさんの家へと飛んで行ってしまったわけです。

図3-9 意図的な攻撃かどうか

例を挙げて考えてみよう

●ケース①

おじいさんに「うるさいからここで野球をするな」と怒られたAは、おじいさんの家にわざとボールを打ち込む仕返しを画策。

Aは「あの家にボールを打ち込んでやる」と宣言し、ピッチャーからのボールを打ち返して家の庭にボールを入れ植木鉢を壊した。

●ケース②

広場で野球をしていたBはピッチャーからの球を打ち返す方向を誤り…

近所のおじいさんの家の庭にボールを入れ、植木鉢を破壊してしまった。

意図的な攻撃ならば自衛権で対応

現実の世界に話を戻しましょう。相手国が日本に向かって意図的に弾道ミサイルを発射してきたことが明らかな場合、これは国際法上の違法な武力行使である「武力攻撃」に該当します。既に第一章や第二章で説明したように、武力攻撃とは「組織的・計画的な武力の行使」のことで、その標的となった国は自国を防衛するために自衛権を行使することができます。

つまり、この場合に自衛隊が弾道ミサイルを迎撃する国際法上の根拠は「自衛権の行使」で、国内法上の根拠は自衛隊法第八十八条「**防衛出動時の武力行使**」の規定ということになります。

意図が分からない場合の対応は？

一方で、相手国が発射した弾道ミサイルが意図せずして日本に向かって飛来してきた場合や、あるいは少なくとも相手国の意図がよくわからないという場合、これを日本に対する違法な武力行使、すなわち武力攻撃と捉えることはできません。しかし、だからといって弾道ミサイルが落下してくるのを甘んじて受け入れてしまえば、日本国民の生命や財産に重大な危険が生じることは明白です。

そこでこのような場合、相手国が国際法に違反する行為をしているわけではないけれども、自国に迫りくる重大な危険を回避するために、他に手段がないようなやむを得ない場合には、その相手国にとっての不可欠の利益を損なわない程度でその国の法益を侵害することが許されるという、いわゆる「**緊急避難**」によってこの弾道ミサイルを撃ち落とすことは国際法上合法といえます。

一方で、国内法上は自衛隊法第八十二条の三「**弾道ミサイル等に対する破壊措置**」の規定によって、この弾道ミサイルを撃ち落とすことになります。よくニュースなどで「**破壊措置命令**」という言葉を目にしたことがあったかと思いますが、この規定がまさにそれです。

破壊措置ってどんな内容なの？

「弾道ミサイル等に対する破壊措置」とは、どこかの国が発射した弾道ミサイルなどが不意に日本に飛来してきた場合に、人々の生命や財産を守るためにこれを撃ち落とす措置のことで、法的には公共の秩序を維持するための警察活動にあたります。

図3-10　弾道ミサイルなどへの対処の流れ

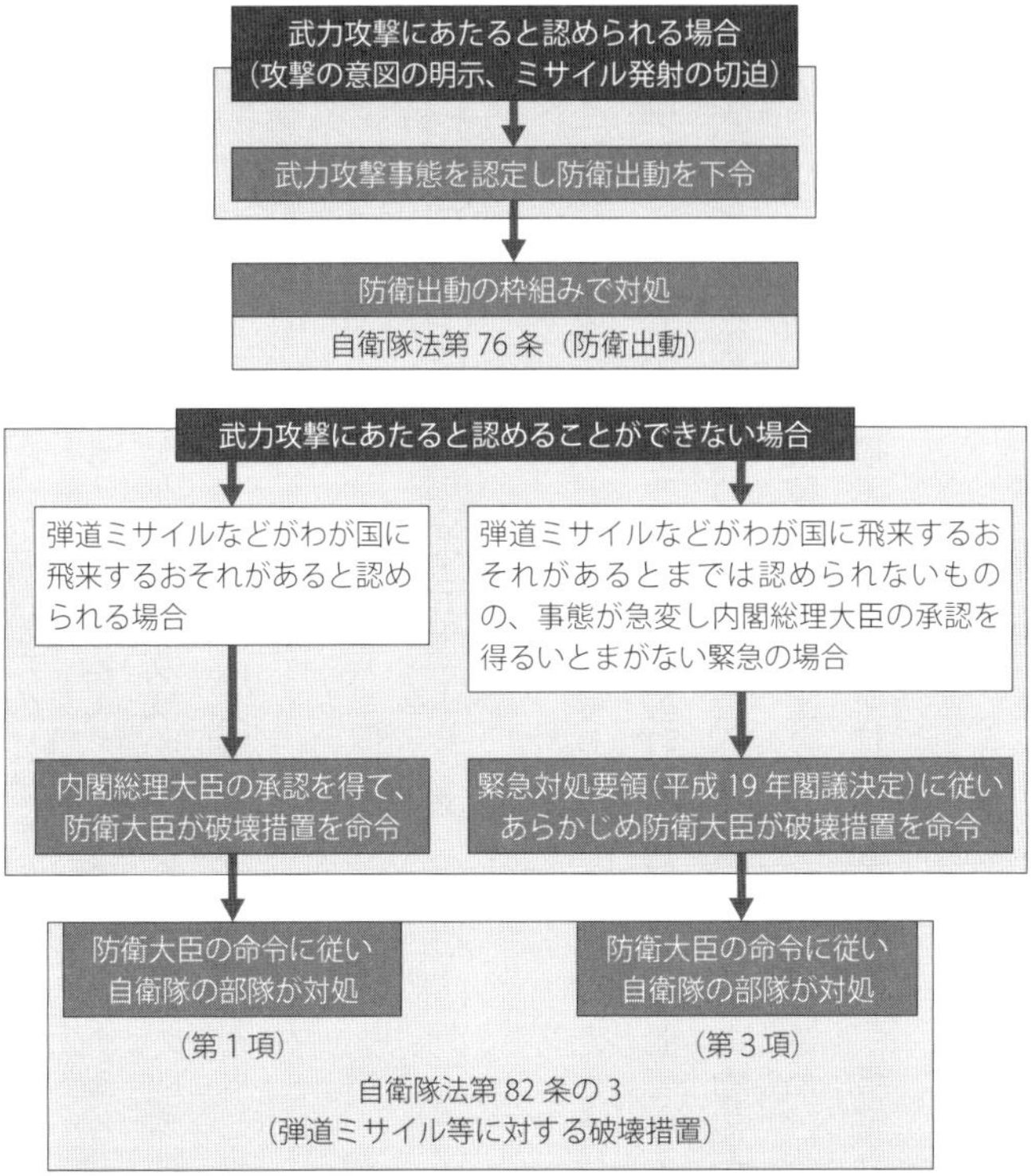
武力攻撃にあたると認められる場合
（攻撃の意図の明示、ミサイル発射の切迫）
武力攻撃事態を認定し防衛出動を下令
防衛出動の枠組みで対処
自衛隊法第 76 条（防衛出動）
武力攻撃にあたると認めることができない場合
弾道ミサイルなどがわが国に飛来するおそれがあると認められる場合
弾道ミサイルなどがわが国に飛来するおそれがあるとまでは認められないものの、事態が急変し内閣総理大臣の承認を得るいとまがない緊急の場合
内閣総理大臣の承認を得て、防衛大臣が破壊措置を命令
緊急対処要領（平成 19 年閣議決定）に従いあらかじめ防衛大臣が破壊措置を命令
防衛大臣の命令に従い自衛隊の部隊が対処
（第 1 項）
防衛大臣の命令に従い自衛隊の部隊が対処
（第 3 項）
自衛隊法第 82 条の 3
（弾道ミサイル等に対する破壊措置）

文民統制の確保の考え方

○弾道ミサイルなどへの対処にあたっては、飛来のおそれの有無について、具体的な状況や国際情勢などを総合的に分析・評価したうえでの、政府としての判断が必要である。また、自衛隊による破壊措置だけではなく、警報や避難などの国民の保護のための措置、外交面での活動、関係部局の情報収集や緊急時に備えた態勢強化など、政府全体での対応が必要である。

○このような事柄の重要性および政府全体としての対応の必要性にかんがみ、内閣総理大臣の承認（閣議決定）と防衛大臣の命令を要件とし、内閣および防衛大臣がその責任を十分果たせるようにしている。さらに、国会報告を法律に規定し、国会の関与についても明確にしている。

出典　平成30年版防衛白書

ここで弾道ミサイル「など」と書いたのには理由があります。じつは、この破壊措置で対処できるのは弾道ミサイルだけではなく、飛行機といった航空機以外の物体で、落下すると人々の人命や財産に重大な影響を及ぼすものも含まれているのです。具体的には人工衛星やその打上げ用ロケット、さらに法文解釈上は隕石などもこれに含めることが可能です。

破壊措置命令は常時発令中！　その理由とは？

こうした物体が日本に飛来してくるおそれがある場合、たとえばどこかの国が日本周辺に向けた弾道ミサイルの発射やロケットの打ち上げを計画していることが察知された場合に、防衛大臣は内閣総理大臣の承認を得たうえで、これらの物体が万が一日本の領域内に落下してきた場合に備え、迎撃態勢を整えるよう命令できるわけですが、じつは二〇一六年八月八日以降はこの破壊措置命令を三ヶ月ごとに更新し、事実上これを常時発令する体制が継続しています。

▼東京・市ヶ谷にある防衛省の敷地内に展開した航空自衛隊のPAC-3

出典　航空自衛隊HP

これは、二〇一六年当時は北朝鮮による弾道ミサイル発射が連続して発生し、かつその兆候を事前に察知することが難しかったため、常に破壊措置命令を出し続けてこれに対応しようとしたものですが、二〇二〇年現在でも北朝鮮がいつ弾道ミサイルを発射するか分からないため、これが継続されているわけです。

ここがポイント！

①日本に弾道ミサイルが飛来する場合、それは意図的な攻撃か、それとも意図していない不慮の事態の二つの可能性が考えられる。
②意図的な攻撃であれば、自衛隊は自衛権の行使として弾道ミサイルを迎撃する。
③不慮の事態と考えられる場合には、自衛隊は警察活動にあたる破壊措置で弾道ミサイルを迎撃する。
④現在、北朝鮮対の突然の弾道ミサイル発射に備えて、破壊措置命令は常時発令中。

3-7 離島に武装漁民が上陸！自衛隊は動ける？

▼自衛隊法第七十八条

「内閣総理大臣は、間接侵略その他の緊急事態に際して、一般の警察力をもっては、治安を維持することができないと認められる場合には、自衛隊の全部又は一部の出動を命ずることができる。」

▼自衛隊法第八十一条

「都道府県知事は、治安維持上重大な事態につきやむを得ない必要があると認める場合には、当該都道府県の都道府県公安委員会と協議の上、内閣総理大臣に対し、部隊等の出動を要請することができる。

2　内閣総理大臣は、前項の要請があり、事態やむを得ないと認める場合には、部隊等の出動を命ずることができる。」

日本という国は、北は北海道から南は沖縄まで、およそ六千八百の島々からなる島国です。そこで問題となるのが、人々が居住する地域から離れた場所にある離島です。とくに、現在沖縄県の尖閣諸島に代表されるように、九州から沖縄にかけて連なる南西諸島をめぐっては、中国との間で水面下での争いが続いています。

そうした状況下で、もしこうした離島に正体不明の武装した漁民が上陸してきた場合には、日本政府はどのように対応することになるのでしょうか。

本当は警察や海上保安庁の仕事だが……

そもそも、日本の離島に外国人が無断で上陸してきた場合、それは「出入国管理及び難民認定法」という法律に違反するれっきとした犯罪行為ですから、これに対応するのは第

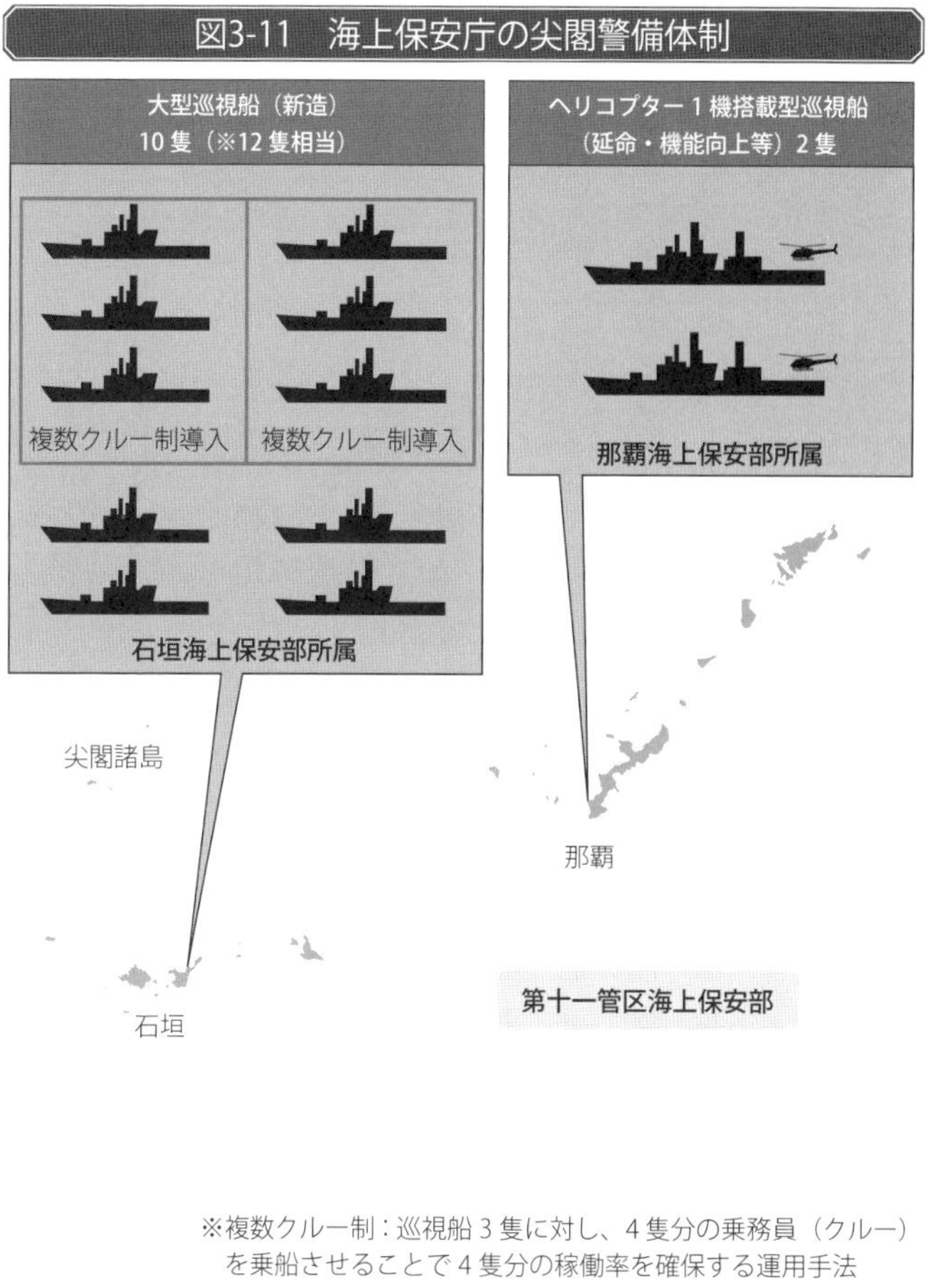

図3-11 海上保安庁の尖閣警備体制

※複数クルー制：巡視船 3 隻に対し、4 隻分の乗務員（クルー）
を乗船させることで 4 隻分の稼働率を確保する運用手法

出典 「海上保安レポート 2016」
（https://www.kaiho.mlit.go.jp/info/books/report2016/html/tokushu/toku16_01-1.html）に基づいて作図

一義的には警察や海上保安庁の仕事になります。

実際に、二〇一二年には尖閣諸島の領有権を主張するために尖閣諸島に上陸してきた香港の活動家を、警察や海上保安庁などが協力して逮捕するという事件も発生しています。

しかし、離島というのは一般的には人がたくさん住んでいるような大きな島から離れた場所にあるものですから、そこに行くための手段は船かヘリコプターに限られ、警察力での対応が難しいことに加えて、もし相手が機関銃やロケットランチャーといった武器で武装していた場合には、たとえ現場に到着できたとしても、警察の手に余るという可能性も考えられます。これこそ、第二章で見たグレーゾーン事態そのものです。

このように警察力では対処できないような事態が発生した場合には自衛隊が対応することになりますが、今回のようなケースにおける法的根拠となるのが「**治安出動**」です。

治安出動には二つのパターンがある

治安出動とは、たとえば日本国内で大規模な暴動が発生したり、どこかの国の工作機関が重武装の工作員を日本に上陸させて破壊活動などを実施したり、あるいは国際的なテロ組織が日本国内で大規模なテロを起こした場合など、通常の警察力では量的あるいは質的に対応できないような事態が発生した際に、日本国内の治安を回復するために自衛隊が出動して対応することです。

そのため、これは先ほど見た海上警備行動と同じく、自衛隊によるいわゆる警察活動にあたります。

この治安出動には、（1）自衛隊法第七十八条に基づく「**命令による治安出動**」と（2）自衛隊法第八十一条に基づく「**要請による治安出動**」という二つの種類が存在します。

■（1）命令による治安出動

命令による治安出動は、一般の警察力では治安を維持できない事態が発生した際に、閣議決定に基づいて内閣総理大臣が自衛隊に出動を命じるものです。

しかし、今回想定されているようなどこかの離島に正体不明の武装漁民が上陸してきたという緊急事態に際して、各大臣を総理官邸に集めて閣議を開き、そこで閣議決定を行ってから自衛隊に出動を命じるということでは対応に時間がかかってしまいますよね。

■閣議決定の手続き簡略化

そこで、二〇一五年五月十四日に、政府は「離島等に対する武装集団による不法上陸等事案に対する政府の対処について」と題する閣議決定を行い、その中で、こうした緊急時において特に緊急な判断を必要とし、かつ国務大臣全員が参集しての速やかな臨時閣議の開催が困難であるときは、内閣総理大臣の主宰により、電話などにより各大臣の了解を得るという形で閣議決定を行うという方針が決定されました。

つまり、わざわざ各大臣が集まらずとも、電話などによってその意思を確認することで閣議決定を行うことができるようになったということです。

ちなみに、この際電話などで連絡を取ることができなかった大臣に対しては、閣議決定後に速やかに連絡を行うこととされています。

（2）要請による治安出動

要請による治安出動は、都道府県知事が一般の警察力では治安を維持できないと判断した場合には、都道府県公安委員会と協議したうえで、内閣総理大臣に自衛隊の出動を要請するというものです。これを受けて、内閣総理大臣が自衛隊の派遣もやむを得ないと判断した場合には、自衛隊の出動が命じられることとなります。

治安出動で自衛隊は戦えるの？

命令による治安出動であろうと、あるいは要請による治安出動であろうと、そこで自衛隊に認められている権限の内容に関してはどちらも変わりはありません。

治安出動を命じられた場合、現地に展開する自衛官には警察官職務執行法の規定が準用されます。そのため職務質問（警職法第二条）や一定の場合における他人の土地などへの

▼治安出動では敵の捜索・制圧が自衛隊のおもな任務になる（イメージ）

出典　陸自第1師団Facebook

立入（警職法第六条）、さらに正当防衛または緊急避難などの場合における武器の使用（警職法第七条）などを行うことができます。

■治安出動には独自の武器使用規定も

治安出動というのは先ほども説明した通り、一般の警察力では対応できない事態が発生した際に命じられるものです。つまり、「自分の身が危ない」とか「犯人に抵抗された」というような場合にのみ武器の使用が許される警察官職務執行法に従っていては、いくら自衛隊といえども治安を維持することはできません。

そこで、武器の使用に関しては、警察官職務執行法の規定だけではなく、次のような治安出動独自の規定が自衛隊法第九十条において定められています。

・自衛隊が警護している施設などが攻撃受けた、あるいはその明らかな危険性があり、他に手段がない場合。

・人々がたくさん集まって暴行や脅迫を行っている、あるいはその明白な危険があり、他にこれを鎮圧したり防止したりする手段がない場合。
・小銃、機関銃、砲、化学兵器、生物兵器その他その殺傷力がこれらに類する武器を所持し、もしくは所持していると疑うに足りる相当の理由のある者が暴行もしくは脅迫をしている、あるいはその可能性が極めて高く、武器を使用する以外に鎮圧したり防止したりする手段がない場合。

ここがポイント！

①武装漁民への対応はまずは警察力で対応する。
②警察力で対応できない場合には自衛隊が「治安出動」で対応する。
③治安出動には「命令による治安出動」と「要請による治安出動」がある。
④治安出動には独自の武器使用規定がある。

3-8 アメリカ軍艦艇が攻撃を受けた！自衛隊はどうする？

▼自衛隊法第九十五条の二

「自衛官は、アメリカ合衆国の軍隊その他の外国の軍隊その他これに類する組織の部隊であって自衛隊と連携して我が国の防衛に資する活動（共同訓練を含み、現に戦闘行為が行われている現場で行われるものを除く。）に現に従事しているものの武器等を職務上警護するに当たり、人又は武器等を防護するため必要であると認める相当の理由がある場合には、その事態に応じ合理的に必要と判断される限度で武器を使用することができる。ただし、刑法第三十六条又は第三十七条に該当する場合のほか、人に危害を与えてはならない。」

海上自衛隊の艦艇とアメリカ海軍の艦艇が洋上で一緒に活動する姿は、今や当たり前の光景となっています。そこで、もし日米の艦艇が平時に一緒に活動しているときに、どこからともなくミサイルが飛んできた場合、果たして海上自衛隊の艦艇はアメリカ軍の艦艇を守ることができるのでしょうか。

米艦防護のための武器の使用

こうしたケースで、自衛隊がアメリカ軍の艦艇を守るための規定が、自衛隊法第九十五条の二にある「**合衆国軍隊等の部隊の武器等の防護のための武器の使用**」です。

例を使って考えてみよう

それでは、これについて例え話を交えながら考えてみましょう。

最近町内で空き巣が多発しているため、町内会で自警団を組織することが決まりました。ある日の夜、AさんとBさんがパトロールをしていると、なんとAさんの家に空き巣が侵入を図ろうとしていました。

急いでAさんが懐中電灯で空き巣を照らし、Bさんが持っていたネットランチャーで空き巣を捕まえようとすると、空き巣はBさんのネットランチャーを奪おうとしてきました。ネットランチャーが奪われれば空き巣を捕まえることができなくなるため、Aさんは持っていた懐中電灯で強盗を殴り、何とか取り押さえることに成功しました。

二 米艦艇を守るための条件

この例では、自宅に侵入しようとする空き巣をBさんと協力してAさんが捕まえようとしています。つまり、この二人はAさんの家を守るために一緒になって行動していることになります。

これと同様に、じつは第九十五条の二も無制限にありとあらゆるアメリカ軍艦艇を防護できるわけではありません。

条文にもある通り、その対象は「自衛隊と連携して我が国の防衛に資する活動に現に従事している」艦艇のみです。具体的には①情報収集・警戒監視活動、②重要影響事態に際して行われる輸送・補給活動等、③共同訓練という三つの例が示されています。

しかし、これらはあくまで例ですので、実際にはもうすこし幅広く日本の防衛の助けになる活動がこれに含まれると思われます。

ちなみに、なぜこのように防護対象が限定されているのかというと、この規定が自衛隊法第九十五条「自衛隊の武器等の防護のための武器の使用」をベースとしているためです。

もし、自衛隊が保有している武器や通信機材などが破壊されたり奪われたりすれば、自衛隊はいざというときに丸腰で戦う羽目になってしまい、日本の防衛力は大きく低下してしまいます。そこで、そうした事態を防ぐために、自衛隊が自分たちの武器などを守るための規定がこの第九十五条です。

そのため、この第九十五条の二でも、防護対象は日本の防衛に結び付いているものに限定されているわけです。

▼2020年8月15日、アメリカ海軍のイージス艦「マスティン」と共同訓練を実施する海上自衛隊の護衛艦「すずつき」（左）

出典 海上自衛隊HP

武器を使用するための要件

また、どんな場合でもアメリカ軍艦艇を守るためなら武器を使用できるというわけでもありません。これには、もともと第九十五条で課されている要件と、新たに第九十五条の二で課された要件をクリアする必要があります。

（1）第九十五条の要件

①武器を使用できるのは、職務上武器等を警護する自衛官のみ
②武器等を退避させてもなお回避できない場合など、他に適当な手段がない場合のみ武器を使用できる
③武器の使用は警察比例の原則（相手方より強力な武器は使用できない）に基づき、事態に応じて合理的に必要と判断される限度まで
④防護対象の武器が破壊されたり、相手方が襲撃を中止した場合は武器使用をやめなければならない

⑤正当防衛または緊急避難の要件を満たさなければ、人に危害を加えてはならない

■（2）第九十五条の二で新設された要件

①防護の対象は日本の防衛に資する活動に現に従事している米軍その他の外国の軍隊などに限定

②武力行使との一体化（他国が行なっている武力行使に自衛隊が間接的に関わることで、外見上自衛隊が当該の他国の武力行使と一体化していると見なされる状態）を防ぐために、現に戦闘行為が行われている現場では防護を実施できない

③米軍等からの要請があり、防衛大臣が必要と認める時に限り、自衛官が警護を行う

■どんな相手から米艦を防護できるの？

この規定が想定しているのは「テロリストなどの不法行為を働く集団」から米艦等を防護することで、つまり武力攻撃にあたらない侵害からアメリカ軍の艦等を防護することを目的としています。つまり通常であれば中国や北朝鮮のような「国または国に準ずる組織」による攻撃からアメリカ軍の艦艇を防護することはできません。

ただし政府は例外として、国または国に準ずる組織であっても「攻撃の意図が明確でない場合」は防護を実施できることもあり得ると説明しています。

相手がテロリストなど以外でも防護できるケースとは

これは少し複雑な話ですが、第二章や破壊措置の項でも説明したように、日本政府の定義として、武力攻撃とは「一国に対する組織的計画的な武力の行使」のことをいいます。ここでいう武力の行使とは「国または国に準ずる組織」のみがそれを行う主体となりますので、つまり武力攻撃とは「**ある国がある国に対して行う組織的計画的な武力の行使**」ということができます。

この定義に基づけば、国ではないテロリストなどからの攻撃が武力攻撃にあたらないのは当然ですが、例えば何も起きていない公海上でどこからともなくミサイルが飛んできたり、あるいはレーダーでロックオンをされたという場合など「相手が国なのかテロリストなのか、国だとしても一体誰が撃ってきたのか分からない」事態や、「相手が国だと分かっていても、計画的な攻撃なのかあるいは誤射なのかなど、攻撃の意図が分からない」事態では、例え相手が国だったとしても、これを武力攻撃と判断するのは極めて困難です。

そのため、あくまでも例外的なケースではありますが、アメリカ軍の艦艇にどこかの国の軍隊が突然攻撃を仕掛けてきたとしても、自衛隊はこれを限定的に防護できるということになります。

しかし、何度も繰り返し攻撃がしかけられたり、あるいはその他の場所でもアメリカ軍に対する攻撃が行われたりした場合には、これは最早アメリカに対する武力攻撃と判断できますので、この場合にはアメリカ軍の艦艇の防護は集団的自衛権に移行する必要があります。

第九十五条の二が規定される前の米艦防護

じつは、この第九十五条の二というのは二〇一五年の平和安全法制で新しく設けられた規定なのですが、それまでもアメリカ軍の艦艇に対する突然の攻撃に自衛隊が全く対応できなかったというわけではありません。

その一つが、自衛隊の艦艇とアメリカ軍の艦艇が互いに接近しているところにミサイルが飛来し、自衛隊の艦艇があくまでも自らを防護するためにそのミサイルを迎撃したところ、それが結果としてアメリカ軍の艦艇を防護したことになったというケースです。

■ 例を使って考えてみよう

これについて、例を使って考えてみましょう。

ある日、D君は友達のE君と公園のベンチに一緒に座ってアイスを食べていました。すると、向こうからアイスを狙ってカラスが猛スピードでやってくるのが見えたため、D君は近くにあった小石を投げつけて、これを撃退しました。

この例では、D君とE君は一緒にベンチに座っている、つまりかなり近い距離でアイスを食べていますので、カラスがどちらのアイスを狙って飛んできたのかははっきりしませんよね。D君としては自分のアイスを守ったつもりが、じつは狙われていたのはE君のアイスかもしれないのです。

それと同様に、たとえば洋上で燃料や物資を補給する洋上補給活動など、海上自衛隊の艦艇とアメリカ軍の艦艇とが非常に近い距離にいる場合、こちら側に飛来するミサイルというのは果たして日米の艦艇どちらを狙ったものかは判別できません。

そこで、自衛隊が仮に自らを守るために武器を使用してこのミサイルを迎撃した場合、それが結果として近くにいるアメリカ軍の艦艇をも防護したことになるというのが政府の解釈です。一般的に、これを「**反射的効果による米艦防護**」といいます。

しかし、この場合「どちらを攻撃してきたのか分からないほど日米の艦艇が密着している」必要があるため、少し距離が離れている場合は防護できないということになります。ですから、第九十五条の二の規定が新設された意義というのは、非常に大きいわけです。

▼オーストラリア軍の補給艦から洋上給油を受ける海上自衛隊の護衛艦「あしがら」

出典　海上自衛隊HP

ここがポイント！

①自衛隊は、自衛隊法第九十五条の二でアメリカ軍の艦艇を防護できる。
②防護できるのは「自衛隊と連携して我が国の防衛に資する活動に現に従事している」もののみ。
③武器使用には一定の要件がある。
④第九十五条の二が新設される以前は限定的な場合にしかアメリカ軍の艦艇を防護できなかった。

3-9 南西諸島に中国軍が侵攻！ 自衛隊はどう守る？

▼自衛隊法第七十六条

「内閣総理大臣は、次に掲げる事態に際して、我が国を防衛するため必要があると認める場合には、自衛隊の全部又は一部の出動を命ずることができる。この場合においては、武力攻撃事態等及び存立危機事態における我が国の平和と独立並びに国及び国民の安全の確保に関する法律（平成十五年法律第七十九号）第九条の定めるところにより、国会の承認を得なければならない。

一　我が国に対する外部からの武力攻撃が発生した事態又は我が国に対する外部からの武力攻撃が発生する明白な危険が切迫していると認められるに至った事態」

▼自衛隊法第八十八条

「第七十六条第一項の規定により出動を命ぜられた自衛隊は、わが国を防衛するため、必要な武力を行使することができる。
2 前項の武力行使に際しては、国際の法規及び慣例によるべき場合にあってはこれを遵守し、かつ、事態に応じ合理的に必要と判断される限度をこえてはならないものとする。」

中国の海洋進出や尖閣諸島をめぐる対立を背景として、沖縄本島や与那国島、宮古島をはじめとする南西諸島の防衛は現在の日本にとって喫緊の課題です。そこで、もしこうした島々のどこかに中国軍が侵攻してきた場合、自衛隊はどのように対応するのでしょうか。

島に上陸される前に攻撃することは可能？

一般的に、一度奪われた島を奪い返すのは非常に困難といわれています。なぜなら、自軍が到着するまでの間に敵が着々と陣地などを構築し、抵抗が激しくなることが予想されるためです。そこで、最も望ましいのは島に向かってくる敵をはるか遠くの洋上で攻撃し、撃破することですが、果たしてそれは法的に可能なのでしょうか。

例を使って考えてみよう

これについて、例を交えて考えてみましょう。

A君が率いる学生グループは、長らく他校の不良グループと対立してきました。ある日、他校の不良グループがバットなど武器を集めているという情報を得たA君は、仲間に「攻撃が近いかもしれないから準備しておこう」と呼びかけ、自分たちも武器などを集め始めました。

やがて、不良グループの根城から主要メンバーがA君たちのグループの拠点へと出発したという情報がもたらされました。これは最早攻撃が開始されたことは間違いないと判断したA君は、道中この不良グループを待ち伏せし、見事にこれを撃退しました。

「武力攻撃の発生」をどう考えるか

さて、この例では自分たちの拠点に向かって敵が進軍してきた時点で、A君はこれを攻撃の開始と判断しています。

これは現実世界では非常に重要な判断です。自衛隊が中国軍を攻撃するのは武力の行使ですから、これは当然自衛権の行使として行われる必要があります。そのため、ポイントとなるのは「洋上を進んできた段階で日本に対する武力攻撃が発生したといえるかどうか」ということになるからです。

第二章でも確認した通り、武力攻撃の発生とは実害の発生とイコールではなく、客観的に見て相手が武力攻撃を開始（＝着手）した段階から武力攻撃が発生したと言うことができます。

そのため、もし中国と日本あるいはその他の周辺国との間で緊張関係が高まり、中国側が兵力を集結させているなどの動向が確認されている中で、たとえば日本を射程に収めるミサイルを装備する部隊が展開した、海軍の艦艇が南西諸島を目指して大挙して出撃した、軍用機が多数離陸したなど、客観的に見て日本を攻撃するための行動が開始されたと判断することが可能であれば、島しょ部に向かってくる中国軍の艦艇や航空機を洋上で迎撃することは合法な自衛権の行使と考えられます。

ただし、どのような事態が武力攻撃の着手にあたるかはその時々の状況によるため、ここに挙げたのはあくまでも単なる例示に過ぎません。

敵が来る前に自衛隊には何ができる?

また、A君は敵の攻撃に備えて武器を集めていましたが、これと同様に、自衛隊も中国軍の攻撃が予想される地点に事前に陣地などを構築しておくことが望ましいですよね。

そこで、事態が緊迫する中で、防衛出動が命じられることが予測された際には、自衛隊の展開が予定され、かつ備えを万全にしておくことが求められる地域（展開予定地域）に関しては、自衛隊法第七十七条の二に基づき、内閣総理大臣の承認を得たうえで、防衛大臣は自衛隊の部隊に対して陣地の構築や障害物の設置などを行う「**防御施設構築の措置**」を命じることができます。

また、この展開予定地域においては、自衛隊の陣地構築を妨害するために敵の工作員が襲撃してくる可能性もあります。そのため、自衛隊法第九十二条の四に基づき、現場にいる自衛官は自分自身やその周りにいる仲間の命を守るために武器を使用することが許可されています。

自衛隊はどうやって島しょ部を防衛する？

現在、特に陸上自衛隊は南西諸島をいかに防衛するかという点に力を入れています。

たとえば、二〇一九年には鹿児島県の奄美大島と沖縄県の宮古島には相次いで陸上自衛隊の新しい駐屯地が開設され、敵の艦艇を攻撃する地対艦ミサイル部隊、および敵の航空機やミサイルを迎撃する地対空ミサイル部隊が配備されました。

今後はさらに同じく沖縄県の石垣島にも同様に地対艦ミサイルなどが配備される予定です。これまで、この地域には陸上自衛隊が常駐したことはなく、いわば「防衛の空白地帯」ともいうべき状態でした。

そこで、陸上自衛隊の部隊、それも地対艦ミサイルと地対空ミサイルを装備する部隊を南西諸島に配備することによって、こうした空白地帯を埋めつつ、中国の動きをけん制しようとしているわけです。

さらに、もし万が一島を奪われたとしても、日本版海兵隊とも言われる水陸機動団や輸送機などを使って日本中に素早く展開できる即応機動連隊などによって早期に奪還する体制も整えています。

▼南西諸島に配備された陸上自衛隊の12式地対艦誘導弾

出典 陸上自衛隊HP

▼アメリカ国内の訓練場で上陸作戦の訓練を行う陸上自衛隊の水陸機動団

出典 https://www.dvidshub.net/

ここがポイント！

①洋上を進む敵の侵攻部隊を洋上で攻撃することは可能。
②敵の攻撃に備えて事前に陣地などを構築できる。
③現在、自衛隊は島しょ部を防衛する体制を着々と整えている。

3-10 日本で戦いが起きたら、自衛隊は私たちをどう守ってくれるの？

▼自衛隊法第七十七条の四

「防衛大臣は、都道府県知事から武力攻撃事態等における国民の保護のための措置に関する法律第十五条第一項の規定による要請を受けた場合において事態やむを得ないと認めるとき、又は事態対策本部長から同条第二項の規定による求めがあったときは、内閣総理大臣の承認を得て、当該要請又は求めに係る国民の保護のための措置を実施するため、部隊等を派遣することができる。」

もし日本に対する武力攻撃が発生した場合、その影響が我々一般国民にも及びうることは想像に難くありません。そこで、もしどこかの国が日本を攻撃してきた場合、自衛隊は我々をどうやって守ってくれるのでしょうか。

国民保護措置とは

武力攻撃などに際して日本国民の安全を確保し、影響を最小限に抑えるための措置を「**国民保護措置**」といいます。国民保護措置は、国・都道府県・市町村が連携して実施するもので、そのポイントは①**国民の避難**、②**救援**、③**武力攻撃災害**への対処の三つです。

ちなみに、③の武力攻撃災害とは、たとえばミサイルが着弾して火災が発生したとか、あるいは攻撃に伴う爆発などで人が死傷したというように、武力攻撃に伴う災害のことを言います。

図3-12 武力攻撃事態等における国民の保護のための措置（※）

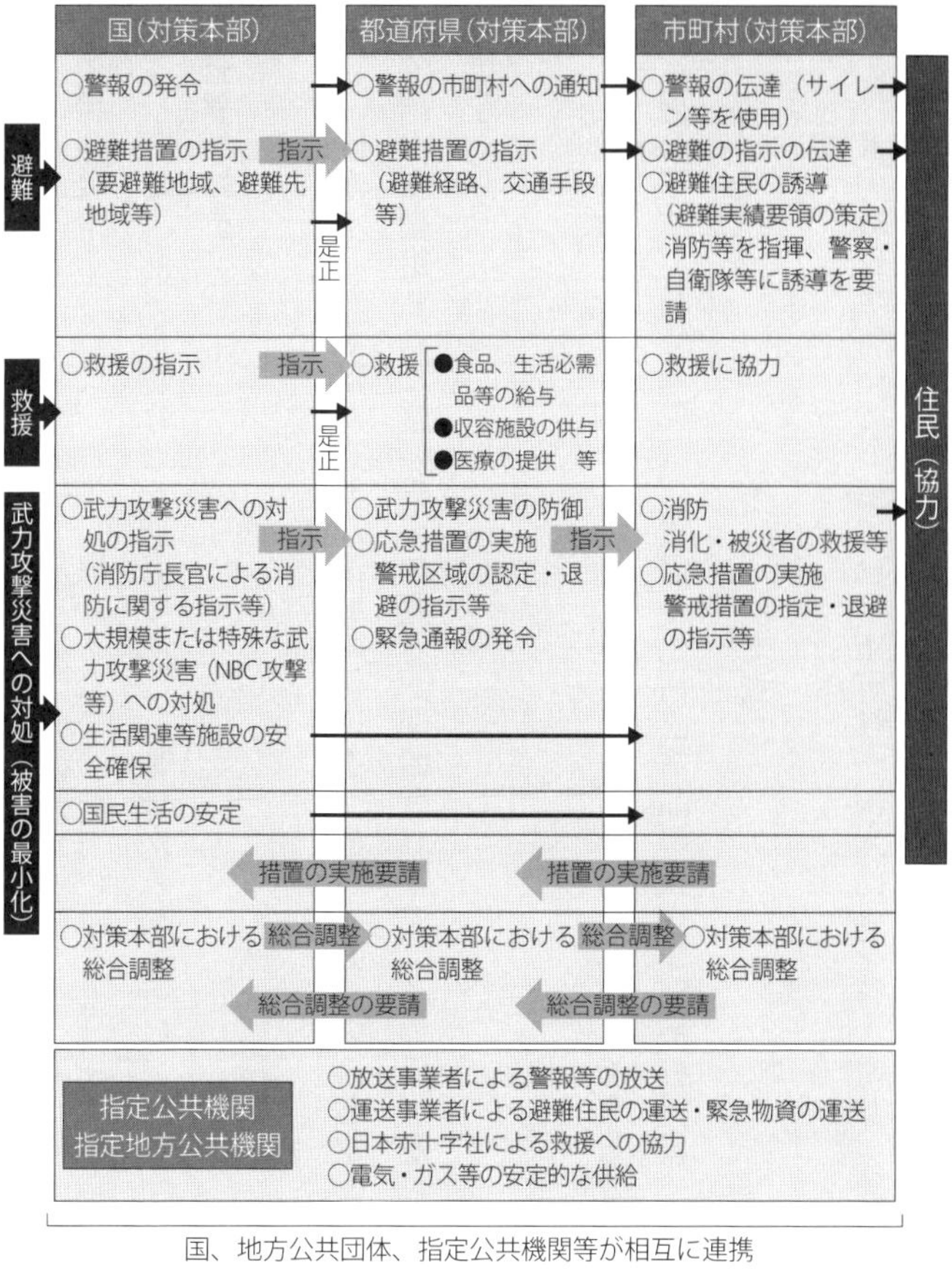

※緊急対処事態においても、武力攻撃事態等における国民保護措置に準じた措置（緊急対処保護措置）を実施

出典　国民保護ポータルサイト
（http://www.kokuminhogo.go.jp/gaiyou/shikumi/index.html）に基づいて作成

まず①国民の避難の段階では、武力攻撃が発生した、あるいはそれが切迫している際に、国からの警報発令をうけて、都道府県がそれを市町村へ通知し、そこで該当地域に対してテレビやラジオ、防災無線などを通じて「〇〇地域が攻撃を受けています」という内容の警報が発令されます。

その後、国が示した避難が必要な地域の住民を、都道府県が定める避難経路や移動手段を使って国から指定された避難先への避難が開始されます。その際、避難誘導を行うのは市町村です。

次に②救援の段階では、国からの指示を受けて、市町村の協力を受けながら都道府県が救援を実施します。具体的には、食品や生活必需品の支援や医療の提供、さらに避難収容施設の供与などです。

最後の③武力攻撃災害への対処では、市町村が消火活動を行ったり、被災者の救援などを行うことになっていますが、たとえば非常に大規模な被害が発生した場合や、あるいは

図3-13　国民の保護のための主な情報伝達手段

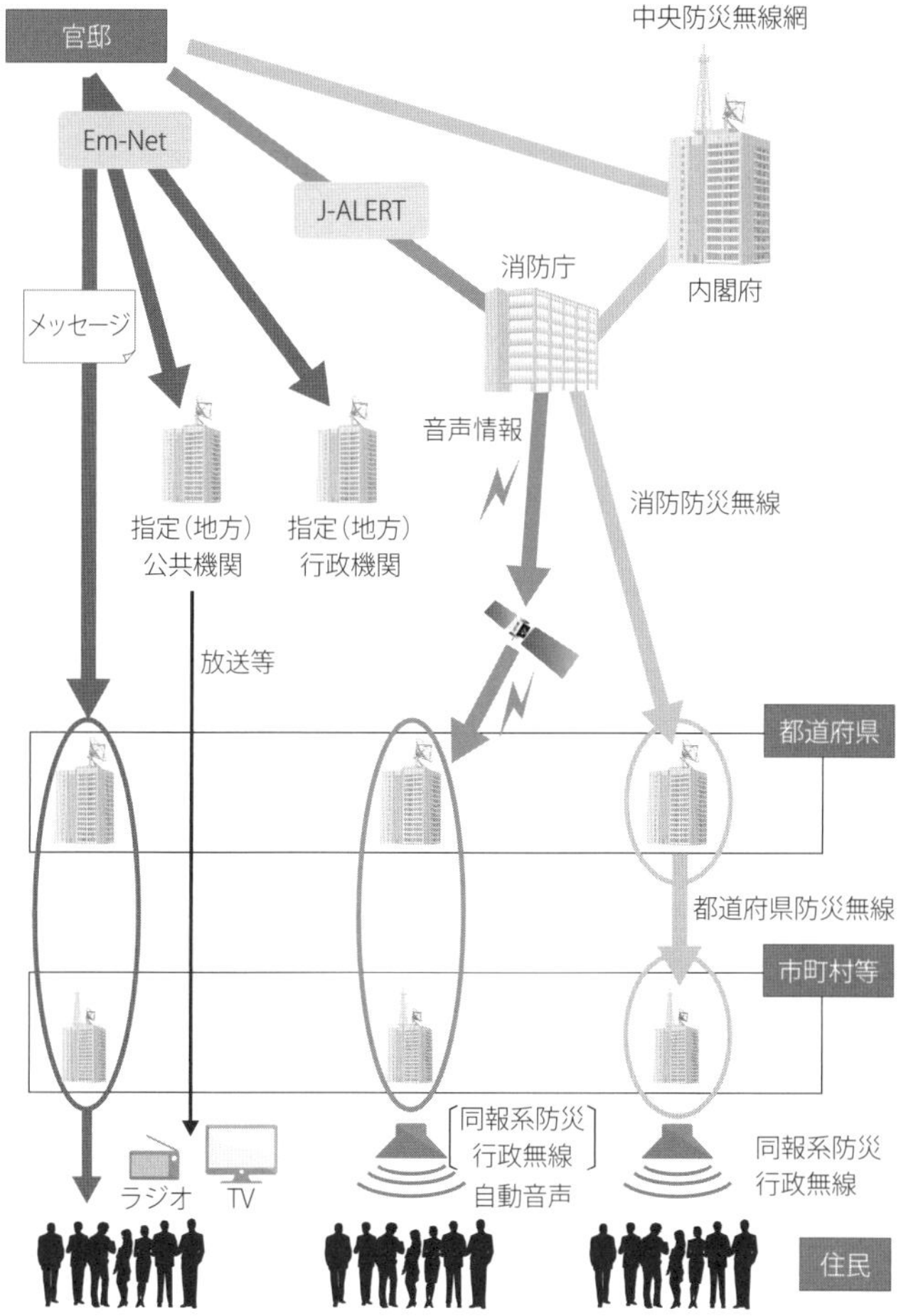

出典　国民保護ポータルサイト
（http://www.kokuminhogo.go.jp/arekore/shudan.html）に基づいて作成

核・生物・化学兵器（ＮＢＣ兵器）などによる攻撃が発生した場合には国が直接救援を行います。

自衛隊はどう対応するの？

それでは、この国民保護措置について、自衛隊はどのように対応することになるのでしょうか。

そもそも、この国民保護措置が行われる状況というのは日本に対する武力攻撃が発生している、あるいはそれが切迫している状況ですから、そうした武力攻撃に対応することが主たる任務の組織である自衛隊はまずそちらへの対応を優先します。つまり、自衛隊の対応はあくまでも「主たる任務の遂行と両立可能な範囲で」行われることになります。

こうした場合の自衛隊の派遣を「**国民保護等派遣**」といい、自衛隊法第七十七条の四に基づいて、都道府県知事または事態対策本部の対策本部長（総理大臣）からの要請があった場合に、総理大臣の承認を得て防衛大臣が命じるものです。

国民保護等派遣を命じられた場合、自衛隊は避難住民の誘導や救援、武力攻撃災害などへの対処を行うことになります。たとえば、敵が生物・化学兵器などを使用した場合、警察や消防による対応にも限界があります。そこで、自衛隊の特殊武器防護隊といったような、こうした事態に関する専門部隊が対応にあたることなどが考えられます。

ちなみに、すでに防衛出動が下令されている場合には、わざわざ国民保護等派遣を命じる必要はありません。

図3-14　国民保護等派遣のしくみ

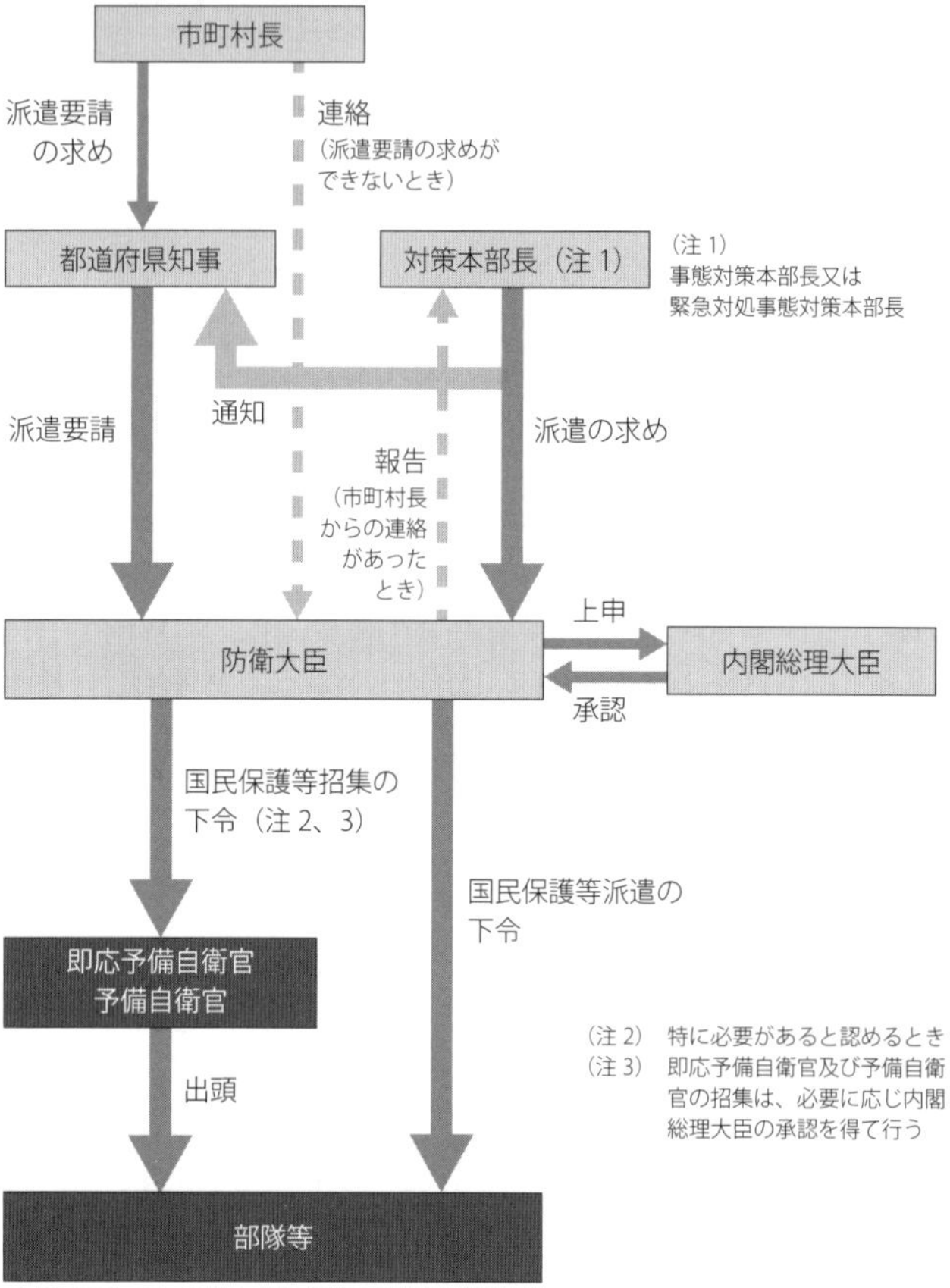

出典　平成30年版防衛白書

ここがポイント！

①「国民保護措置」とは、武力攻撃などに際して日本国民の安全を確保し、影響を最小限に抑えるための措置のこと。
②国民保護措置は、国・都道府県・市町村が密接に連携して行う。
③自衛隊は、武力攻撃への対処という本来の任務遂行に支障をきたさない範囲で国民保護等派遣により対応する。

3-11 日本の周辺で武力紛争が！ 自衛隊には何ができるの？

▼自衛隊法第八十四条の五（長い規定のため内容を一部省略）

「防衛大臣又はその委任を受けた者は、それぞれ当該各号に定める活動を実施することができる。

一　重要影響事態に際して我が国の平和及び安全を確保するための措置に関する法律に規定されている、後方支援活動としての物品の提供

二　重要影響事態等に際して実施する船舶検査活動に関する法律に規定されている、後方支援活動又は協力支援活動としての物品の提供

2　防衛大臣は、それぞれ当該各号に定める活動を行わせることができる。

一　重要影響事態に際して我が国の平和及び安全を確保するための措置に関する法律に規定されている、防衛省の機関又は部隊等による後方支援活動としての役

務の提供及び部隊等による捜索救助活動
二 重要影響事態等に際して実施する船舶検査活動に関する法律に規定されている、部隊等による船舶検査活動及びその実施に伴う後方支援活動又は協力支援活動としての役務の提供」

もし北朝鮮が韓国に侵攻したり、あるいは台湾に中国が侵攻したりするといった事態が発生した場合には、それは「そのまま放置すればわが国に対する直接の武力攻撃に至るおそれのある事態等わが国の平和及び安全に重要な影響を与える事態」と定義されている重要影響事態に該当すると思われますが、この重要影響事態において、自衛隊には何ができるのでしょうか。

例を使って考えてみよう

それでは、こうした状況で自衛隊に何ができるのか、例を交えて考えてみましょう。

A君が所属するグループは、近所の広場で遊ぶ権利をかけて他校のグループと対立していました。

ある日、ついにこの二つのグループ同士が広場で大ゲンカを始めました。しかし、あまりケンカが強くないA君は、ケンカを担当するチームと一緒に行動して、あとから相手に因縁をつけられるのが嫌だったので、直接争いには参加せず、みんなに水を配ったり、あるいはケガをした仲間に応急手当をしたりと、少し離れたところでグループをサポートすることにしました。

重要影響事態で自衛隊ができること

この例では、A君は直接ケンカには参加せずに、後ろの方でみんなをサポートする役割を担っていました。

これと同じように、重要影響事態においては、自衛隊は活動中の他国軍に対して（1）**後方支援活動**（2）**捜索救助活動**（3）**船舶検査活動**（4）**その他の重要影響事態に対応するための必要な措置**といった各種のサポートを行うことができますが、ここでは

（1）から（3）について見ていこうと思います。

〓（1）後方支援活動

後方支援活動とは、給油や給水といった物品を提供する「補給」、人員や物品を運ぶ「輸送」をはじめ、修理および整備、医療、通信、空港及び港湾業務、基地業務、宿泊、保管、施設の利用、訓練業務といった物品や役務（サービス）の提供を行うことを言います。

分かりやすい例でいえば、補給艦が行う洋上補給や、基地で車両や航空機に燃料や弾薬を補給することなどが、これにあたります。

重要影響事態には、この後方支援活動を①日米安保条約の目的の達成に寄与する活動を行うアメリカ軍、②国連憲章の目的の達成に寄与する活動を行う外国の軍隊、③その他これに類する組織に対して行うことができます。

▼アメリカ海軍のイージス艦（右）に洋上給油を行う海上自衛隊の補給艦「ましゅう」

出典　海上自衛隊HP

この内②と③は具体的な国名が記されていませんが、日本はオーストラリア・イギリス・カナダ・フランスなどと物品役務の提供をスムーズに行うための「**物品役務相互提供協定（ACSA）**」を締結しているため、少なくともこうした国々はこの対象に含まれることになるでしょう。

（2）搜索救助活動

捜索救助活動とは、重要影響事態において行われた戦闘によって遭難した戦闘参加者について、その捜索または救助を行う活動のことを言います。

例えば、ある海域で戦闘があって、そこでアメリカ軍の航空機が墜落した際に、その乗員を自衛隊が救出することなどがこれにあたります。

▼捜索救助活動にあたる海上自衛隊の救難機US-2

出典　海上自衛隊HP

(3) 船舶検査活動

船舶検査活動とは、日本がどこかの国への経済制裁を効果的に実行するために、航行中の船の積み荷や目的地を検査し、場合によっては目的地の変更などを要請する活動のことを言います。

なぜそんなことをするのかというと、たとえばある国がどこかの国に攻め込み、それによって国連あるいは国連加盟国による経済制裁を受けている場合に、船で禁制品が持ち込まれたりしてしまうと経済制裁の効果が薄れてしまいますよね。

そこで、これを防ぐために、その国に物資を運んでいると思しき船を検査したり、目的地を変更させたりすることによって、経済制裁を効果的に行えるようにするわけです。

▼船舶検査活動で対象船舶に乗り込むのが立入検査隊。写真は護衛艦「むらさめ」の立入検査隊

出典　海上自衛隊HP

三つの活動に共通しているものとは？

冒頭の例でも、A君はケンカを担当するチームと一体としてみなされるのを避けるために、少し離れた安全な場所でみんなをサポートしていました。背景にある理由は若干違いますが、これは実際に重要影響事態で活動する自衛隊についても同じことが言えます。

じつは、先ほど確認した三つの活動にはある共通点があります。それが、「現に戦闘が行われている現場ではこれらの活動を実施しない」ということです。ちなみに、ここでいう「戦闘」とは、第二章で説明した「戦闘行為」と一緒です。

重要影響事態というのは、その時点では日本はまだ巻き込まれてはいないものの、すでにどこかの国同士で武力を行使している状態が発生していることを言うわけですよね。

そこで、もし自衛隊がその当事国の軍隊に補給活動をしたりすると、日本自体は武力を行使していないにも関わらず、あたかも日本の行為がその国の武力行使と一体化しているように見えるため、これは武力の行使を禁じる憲法第九条に違反するのではないかという議論があります。これを「**武力行使の一体化**」といいます。

重要影響事態における活動に際しては、現に戦闘が行われている現場ではこれらの活動を実施しないようにし、さらに、活動の実施場所かその近くで戦闘が行われるようになった場合、またはそれが予測される場合には、活動の一時休止などを行うことや、そもそも防衛大臣は活動を行う実施区域をあらかじめ指定し、その区域の全部または一部で活動を円滑かつ安全に実施することが困難であると認められる場合には、速やかにその指定を変更し、またはそこで実施されている活動の中断を命じることによって、このような武力行使との一体化を避ける仕組みになっています。

ここがポイント！

①重要影響事態において、自衛隊は「後方支援活動」「捜索救助活動」「船舶検査活動」「その他の重要影響事態に対応するための必要な措置」を行うことができる。

②自衛隊の後方支援活動などが、その支援対象国による武力行使とあたかも一体化しているように見えることを「武力行使の一体化」という。
③「武力行使の一体化」を防ぐために、現に戦闘が行われている現場では実施しない、あらかじめ活動場所を指定しておく、安全に活動できなくなるような場合には活動を中止したりすることになっている。

▼参考：自衛隊法第八十四条の五

防衛大臣又はその委任を受けた者は、第三条第二項に規定する活動として、次の各号に掲げる法律の定めるところにより、それぞれ、当該各号に定める活動を実施することができる。

一　重要影響事態に際して我が国の平和及び安全を確保するための措置に関する法律（平成十一年法律第六十号）　後方支援活動としての物品の提供

二　重要影響事態等に際して実施する船舶検査活動に関する法律（平成十二年法律第百四十五号）　後方支援活動又は協力支援活動としての物品の提供

2　防衛大臣は、第三条第二項に規定する活動として、次の各号に掲げる法律の定めるところにより、それぞれ、当該各号に定める活動を行わせることができる。

一　重要影響事態に際して我が国の平和及び安全を確保するための措置に関する法律　防衛省の機関又は部隊等による後方支援活動としての役務の提供及び部隊等による捜索救助活動

二　重要影響事態等に際して実施する船舶検査活動に関する法律　部隊等による船舶検査活動及びその実施に伴う後方支援活動又は協力支援活動としての役務の提供

3-12 アメリカ軍が攻撃を受けた！自衛隊は助けられる？

▼自衛隊法第七十六条

「第七十六条　内閣総理大臣は、次に掲げる事態に際して、我が国を防衛するため必要があると認める場合には、自衛隊の全部又は一部の出動を命ずることができる。

二　我が国と密接な関係にある他国に対する武力攻撃が発生し、これにより我が国の存立が脅かされ、国民の生命、自由及び幸福追求の権利が根底から覆される明白な危険がある事態」

自衛隊法第八十八条

「第七十六条第一項の規定により出動を命ぜられた自衛隊は、わが国を防衛するため、必要な武力を行使することができる。

2　前項の武力行使に際しては、国際の法規及び慣例によるべき場合にあってはこれを遵守し、かつ、事態に応じ合理的に必要と判断される限度をこえてはならないものとする。」

第二章でも説明した通り、日本の安全を担保しているのは日米同盟に基づくアメリカの軍事力です。それでは、もしそのアメリカ軍のイージス艦が攻撃を受けたり、あるいは西太平洋にあるアメリカ軍の基地が攻撃されたりした場合に、自衛隊はアメリカ軍を助けることができるのでしょうか。

アメリカ軍が攻撃された場合は武力攻撃事態か存立危機事態か

「アメリカ軍が攻撃を受けた場合」という設定には三つの可能性があります。一つは、日本の領海内にいるアメリカ軍の艦艇が攻撃を受けたり、あるいは沖縄などの在日米軍基地が攻撃を受けたりした場合です。

この場合には、そもそもこの攻撃は「日本の領域内にいる」アメリカ軍に対する攻撃ということになりますので、それは日本に対する武力攻撃、すなわち武力攻撃事態という形で整理されます。ですから、自衛隊は個別的自衛権の行使としてこのアメリカ軍を防護することが可能です。

二つ目は、日本に対する武力攻撃が既に発生した後に、日本を救援するために来援したアメリカ軍に対して日本を攻撃しているのと同じ国からの攻撃が発生した場合です。この場合、日本を攻撃している相手国からの攻撃であり、かつ日本の近海での出来事であった場合には、これについても自衛隊はすでに行使している個別的自衛権の一環としてこのアメリカ軍を防護することが可能です。

そして三つ目はそれ以外の場合、つまり日本に対する武力攻撃も発生していない状況下で、日本の領域の外にいるアメリカ軍に対する攻撃が発生したという場合です。この場合には、その攻撃が存立危機事態に該当するならば、これを自衛隊が防護することが可能となります。

▼横須賀基地に入港するアメリカ海軍のイージス艦「ミリウス」

出典　https://www.dvidshub.net/

どんなケースが存立危機事態になり得る？

第二章でも見たとおり、存立危機事態とは「我が国と密接な関係にある他国に対する武力攻撃が発生し、これにより我が国の存立が脅かされ、国民の生命、自由及び幸福追求の権利が根底から覆される明白な危険がある事態」と定義されています。

では、一体どのようなケースであれば、この存立危機事態が認定されることになるのでしょうか。ここでは（1）海上自衛隊と共同でミサイル防衛にあたっているアメリカ海軍の艦艇に対する攻撃と（2）グアムに対するミサイル攻撃の二つを取り上げたいと思います。

（1）海上自衛隊と共同でミサイル防衛にあたっているアメリカ海軍の艦艇に対する攻撃

この場合、状況としては以下のようなものを想定することができます。

日本の周辺で韓国・アメリカと北朝鮮との間で軍事的緊張が高まる中で、北朝鮮の弾道ミサイル部隊に動きがあったため、日本海に海上自衛隊とアメリカ海軍のイージス艦が展開した際に、アメリカ海軍のイージス艦に対する攻撃が発生したという場合です。

■日本防衛には欠かせないアメリカ海軍のイージス艦

この場合、このイージス艦は日本を守るための弾道ミサイル防衛（ＢＭＤ）の任務に従事しています。そのため、もしこのイージス艦が攻撃されれば、日本を弾道ミサイルから守る態勢に大きな隙間が生じてしまうため、日本の防衛に欠かせない存在であるということができます。そのため、これを自衛隊が防護することも可能といえるでしょう。

この場合には、自衛隊が直接的に攻撃に対処せずとも、たとえば海上自衛隊のイージス艦がアメリカ海軍のイージス艦に向かって飛翔するミサイルを探知した際に、その情報をアメリカ海軍側にリアルタイムで伝達することなどによってもアメリカ軍を助けることができます。

▼アメリカ海軍のイージス艦が航行する傍らでミサイルを発射する海上自衛隊の護衛艦「あたご」

出典　https://www.dvidshub.net/

〓（2）グアムに対するミサイル攻撃

この場合、次のような状況が想定されます。

アメリカと中国との間で軍事的緊張が高まる中で、東シナ海と西太平洋に展開していたアメリカ海軍の艦艇が攻撃を受け、それと連動して中国の爆撃機がグアムを射程に収める巡航ミサイルを搭載して宮古海峡上空に飛来し、また中国本土からは弾道ミサイルが発射されたという場合です。

■日本にとってのグアムの重要性

グアムにあるアメリカ軍基地は、定期的に爆撃機や空母、潜水艦が飛来・寄港するなど、アメリカの打撃力を担保する重要な施設です。アメリカの打撃力と日本の存立危機事態との関係について、平成二十九年八月十日に当時の小野寺防衛大臣が国会で次のように答弁しています。

「(日本が盾でアメリカが打撃力をもつという) この役割両方があって日本の抑止力が高まるということを考えますと、日本の安全保障にとって米側の抑止力が、打撃力が欠如するということは、これは日本の存立の危機に当たる可能性がないとは言えない」

加えて、平成三十年二月十四日に、小野寺防衛大臣は国会でさらに次のように答弁しています。

「あくまでも一般論として申し上げれば、平和安全法制のもとでは、実際に発生した状況の全体を評価した結果、これが新たな新三要件を満たす場合においては、我が国の存立を全うし、国民を守るための自衛の措置として、米国に向かう弾道ミサイルの迎撃をすることも可能であると考えております」

これらの答弁を踏まえれば、グアム防衛も法的には可能といえるでしょう。

▼弾道ミサイル迎撃用のSM-3を発射する海上自衛隊の護衛艦「きりしま」

出典　https://www.dvidshub.net/

存立危機事態では絶対に防衛出動に事前の国会承認が必要？

ちなみに、存立危機事態において自衛隊に対する防衛出動を下令する場合、原則的には国会の事前承認を必要とすることが求められていますが、日本に対する武力攻撃事態等（武力攻撃事態に加え、その発生が予想される武力攻撃予測事態を含むもの）も同時に発生しているような場合には、国会の事前承認は必ずしも必要とされません。

ですので、今回の二つの事例はどちらもこの要件に合致すると思われますので、国会の事前承認は必要ないと言えます。

ここがポイント！

①たとえアメリカ軍に対する攻撃であっても、日本の領域内の基地や艦艇などへの攻撃であれば、日本は個別的自衛権で対応できる。
②弾道ミサイル防衛を担っているイージス艦など、日本の防衛に不可欠なアメリカ海

軍の艦艇が攻撃を受けた場合には、日本は集団的自衛権を行使し得る。
③グアムに対する攻撃も、アメリカの打撃力の中核的存在であることを踏まえて、集団的自衛権を行使し得る。
④存立危機事態において自衛隊に対する防衛出動を下令する場合、原則的には例外なき国会の事前承認が必要だが、日本に対する武力攻撃事態等も同時に発生しているような場合には、必ずしも必要とはされない。

3-13 自衛隊は、海外にいる日本人を救出にきてくれるの？

▼自衛隊法第八十四条の三（長い規定のため内容を一部省略）

「防衛大臣は、外務大臣から外国における緊急事態に際して生命又は身体に危害が加えられるおそれがある邦人の警護、救出その他の当該邦人の生命又は身体の保護のための措置（輸送を含む。以下「保護措置」という。）を行うことの依頼があった場合において、外務大臣と協議し、次の各号のいずれにも該当すると認めるときは、内閣総理大臣の承認を得て、部隊等に当該保護措置を行わせることができる。

一　保護措置を行う場所において、その国の権限ある当局が現に公共の安全と秩序の維持に当たっており、かつ、戦闘行為が行われることがないと認められること。

二　自衛隊が保護措置を行うことについて、その国などの同意があること。

三　予想される危険に対応して当該保護措置をできる限り円滑かつ安全に行うための部隊等とその国の権限ある当局との間の連携及び協力が確保されると見込まれること。

2　内閣総理大臣は、前項の規定による外務大臣と防衛大臣の協議の結果を踏まえて、同項各号のいずれにも該当すると認める場合に限り、同項の承認をするものとする。

3　防衛大臣は、保護措置を行わせる場合において、外務大臣から保護することを依頼された外国人などの生命又は身体の保護のための措置を部隊等に行わせることができる。」

ＬＣＣ（格安航空会社）の登場も相まって、いまや日本人にとって海外旅行はこれまで以上に身近な存在となってきています。日本政府観光局（ＪＮＴＯ）の発表によれば、二〇一九年の出国日本人数は約二千万人に上ったことも、その証左といえるでしょう。しかし、海外において日本人の身の安全が常に保障されるとは限りません。

たとえば、二〇一三年にアルジェリアで発生した天然ガスプラント人質拘束事件では、現地で働いていた株式会社日揮の日本人社員十名を含む多くの外国人が犠牲となったほか、二〇一六年にバングラデシュのダッカで発生したレストラン襲撃人質事件では、現地で交通関係の事業に携わっていた日本人七名を含む二十名が犠牲となっています。

そこで、このように海外で緊急事態に遭遇した日本人を自衛隊が救出できるよう整備されたのが、自衛隊法第八十四条の三「**在外邦人等の保護措置**」です。

在外邦人等保護措置とは

在外邦人等の保護措置は、二〇一五年の平和安保法制によって新設された規定で、簡単に言えば「海外で危険にさらされている日本人及び特定の外国人を自衛隊が保護し、場合によっては国外に退避させる」措置のことです。

例を使って考えてみよう

それでは、これについて例を挙げながら考えてみましょう。

ある日、A君は友達のB君の家に遊びに行きました。すると、すぐ目と鼻の先にある銀行で強盗事件が発生し、その犯人が外に向けて銃を乱射し始めました。その様子はニュースで生中継されたため、自宅でテレビを見ていたA君のお母さんはいてもたってもいられず、A君を車で迎えに行くことにしました。そこで、まずはB君のお母さんに電話で息子を迎えに行く旨を伝え、快諾を得たA君のお母さんは車を飛ばしてB君の家に行き、無事にA君を救出しました。

そもそもどんな時に保護措置を実施できるの？

この例では、A君が遊びに行った友達のB君の家の近くで銀行強盗が発生したために、お母さんはA君を迎えに行くことを決めました。それでは、実際の在外邦人等保護措置の

▼毎年タイで開催されている多国間演習「コブラゴールド」にて、
在外邦人等保護措置の訓練を行う陸自隊員と空自のC-130

出典 https://www.dvidshub.net/

場合はどうでしょうか。

この措置の根拠法である自衛隊法第八十四条の三に規定されている通り、この措置は「外国における緊急事態」が発生していることが前提となります。具体的には、大規模なテロや暴動といった治安悪化や情勢不安定、さらには大規模災害なども これに含まれます。

そのうえで、こうした事態が発生し、かつ日本人の生命などに危険が加えられる恐れがある場合に、自衛隊は海外にいる日本人を救出するための措置を実施することができます。

たとえば、どこかの国の日本大使館が占拠され、その国の警察力では対処できない場合や、ある国で発生した災害や政情不安により、日本人がその国を離れようとしたところ、暴徒に取り囲まれて身動きが取れない場合などが考えられます。

措置の実施に関する要件

次に、例ではA君のお母さんがB君のお母さんに連絡をしたうえで、A君を迎えに行っていますが、在外邦人等保護措置の場合はどうなのでしょうか。

このような事態が発生した場合、保護措置を実施するには、まず外務大臣が防衛大臣に措置の実施を要請し、そこで、

①当該保護措置を実施する現場において、その国の当局が公共の安全と秩序を維持し、国家やそれに準ずる組織の間で発生する戦闘行為が行われていないこと
②当該保護措置の実施についてその国の同意があること
③自衛隊の部隊とその国の当局との間で連携および協力が見込まれること

という三つの要件を満たしたと判断された場合には、防衛大臣は内閣総理大臣の承認を得て自衛隊の部隊に措置の実施を命じることができます。

▼「コブラゴールド」にて、アメリカ海兵隊のヘリに乗り込む日本人を護衛する陸自隊員

出典　https://www.dvidshub.net/

三つの要件はなぜ設けられているの？

この三つの要件が課されている理由は、第二章でも確認した通り、自衛隊が海外で憲法に違反する武力行使を行うことがないようにするためです。現地の治安を警察機関などが維持していて、自衛隊が活動することに関してその国の同意があり、かつ現地当局の協力が得られるという状況であれば、自衛隊に抵抗してくる相手というのは単なる犯罪者集団かテロリスト、暴徒などをおいてほかにありません。

ですから、これらに対して仮に自衛隊が自己保存型以外の形態の武器使用を行ったとしても、それは単なる現地の警察権を補完するという意味での警察活動に伴う武器使用であって、憲法が禁じる武力行使にはならないということです。

ちなみに、この在外邦人等保護措置に際して認められる武器使用に関しては、自衛隊法第九十四条の五に基づき、先ほど挙げた①と②の要件を満たしている場合には「在外邦人等を保護するという任務を妨害する行為」を排除することが許される「**任務遂行のための武器使用**」が認められるほか、さらに①の要件が満たされていない場合であっても、自分自身または自らの管理のもとに入った者の生命身体を防護するための「自己保存のための武器使用」が認められています。

現在、自衛隊では海外でのこうした任務を遂行するための装備として、地雷や即席爆弾（IED：Improvised Explosive Device）に対する防護能力を持つ輸送防護車や、長大な航続距離を持つC-2輸送機を配備しているほか、海外への緊急展開部隊である中央即応連隊や、対テロ戦のスペシャリスト集団である特殊作戦群が陸上自衛隊において編成されています。

▼空自のC-2輸送機

出典　航空自衛隊HP

ここがポイント！

①在外邦人等保護措置は、海外での緊急事態によって生命に危険が迫っている日本人や外国人を保護するための措置。
②措置の実施には、たとえ自衛隊が武器を使用してもそれが憲法に違反する武力の行使にあたることがないよう、三つの要件が満たされている必要がある。
③自衛隊は現地で「自己保存型武器使用」と「任務遂行型武器使用」を行うことができる。

▼参考：自衛隊法第八十四条の三

「防衛大臣は、外務大臣から外国における緊急事態に際して生命又は身体に危害が加えられるおそれがある邦人の警護、救出その他の当該邦人の生命又は身体の保護のための措置（輸送を含む。以下「保護措置」という。）を行うことの依頼があった場合において、外務大臣と協議し、次の各号のいずれにも該当すると認めるときは、内閣総理大臣の承認を得て、部隊等に当該保護措置を行わせることができる。
一 当該外国の領域の当該保護措置を行う場所において、当該外国の権限ある当局が現に公共の安全と秩序の維持に当たっており、かつ、戦闘行為（国際的な武力紛争の一環として行われる人を殺傷し又は物を破壊する行為をいう。第九十五条の二第一項において同じ。）が行われることがないと認められること。
二 自衛隊が当該保護措置（武器の使用を含む。）を行うことについて、当該外国（国際連合の総会又は安全保障理事会の決議に従って当該外国において施政を行う機関がある場合にあっては、当該機関）の同意があること。
三 予想される危険に対応して当該保護措置をできる限り円滑かつ安全に行うための部隊等と第一号に規定する当該外国の権限ある当局との間の連携及び協力が確保されると見込まれること。
2 内閣総理大臣は、前項の規定による外務大臣と防衛大臣の協議の結果を踏まえて、同項各号のいずれにも該当すると認める場合に限り、同項の承認をするものとする。
3 防衛大臣は、第一項の規定により保護措置を行わせる場合において、外務大臣から同項の緊急事態に際して生命又は身体に危害が加えられるおそれがある外国人として保護することを依頼された者その他の当該保護措置と併せて保護を行うことが適当と認められる者（第九十四条の五第一項において「その他の保護対象者」という。）の生命又は身体の保護のための措置を部隊等に行わせることができる。」

3-14 ＰＫＯで自衛隊は人々を守れるの？駆け付け警護とは？

▼国際平和協力法第三条五号ラ（長い規定のため内容を一部省略）

「一定の業務を行う場合であって、国連平和維持活動、国際連携平和安全活動若しくは人道的な国際救援活動に従事する者又はこれらの活動を支援する者（以下「活動関係者」という。）の生命又は身体に対する不測の侵害又は危難が生じ、又は生ずるおそれがある場合に、緊急の要請に対応して行う当該活動関係者の生命及び身体の保護」

▼国際平和協力法第二十六条二項（長い規定のため内容を一部省略）

「第九条第五項の規定により派遣先国において国際平和協力業務であって第三条第

五号ラに掲げるものに従事する自衛官は、その業務を行うに際し、自己又はその保護しようとする活動関係者の生命又は身体を防護するためやむを得ない必要があると認める相当の理由がある場合には、その事態に応じ合理的に必要と判断される限度で武器を使用することができる。」

どこかの国で治安が不安定になった際などに、国連がその国の機関に代わって治安の維持などを行う「**国連平和維持活動**（**ＰＫＯ**）」において、これに参加している国の要員やＮＧＯ職員などが暴徒などに襲撃された場合、自衛隊は彼らを救出することはできるのでしょうか。

「駆け付け警護」とは？

このようなケースで、暴徒に襲撃されているＰＫＯ要員やＮＧＯ職員などからの緊急の要請を受けて、近くにいた自衛隊の部隊が、他に彼らを救出できる国連の部隊が存在していないなど非常に限定的な場合に応急対処として彼らを救出することを「**駆け付け警護**」

図3-15　駆け付け警護

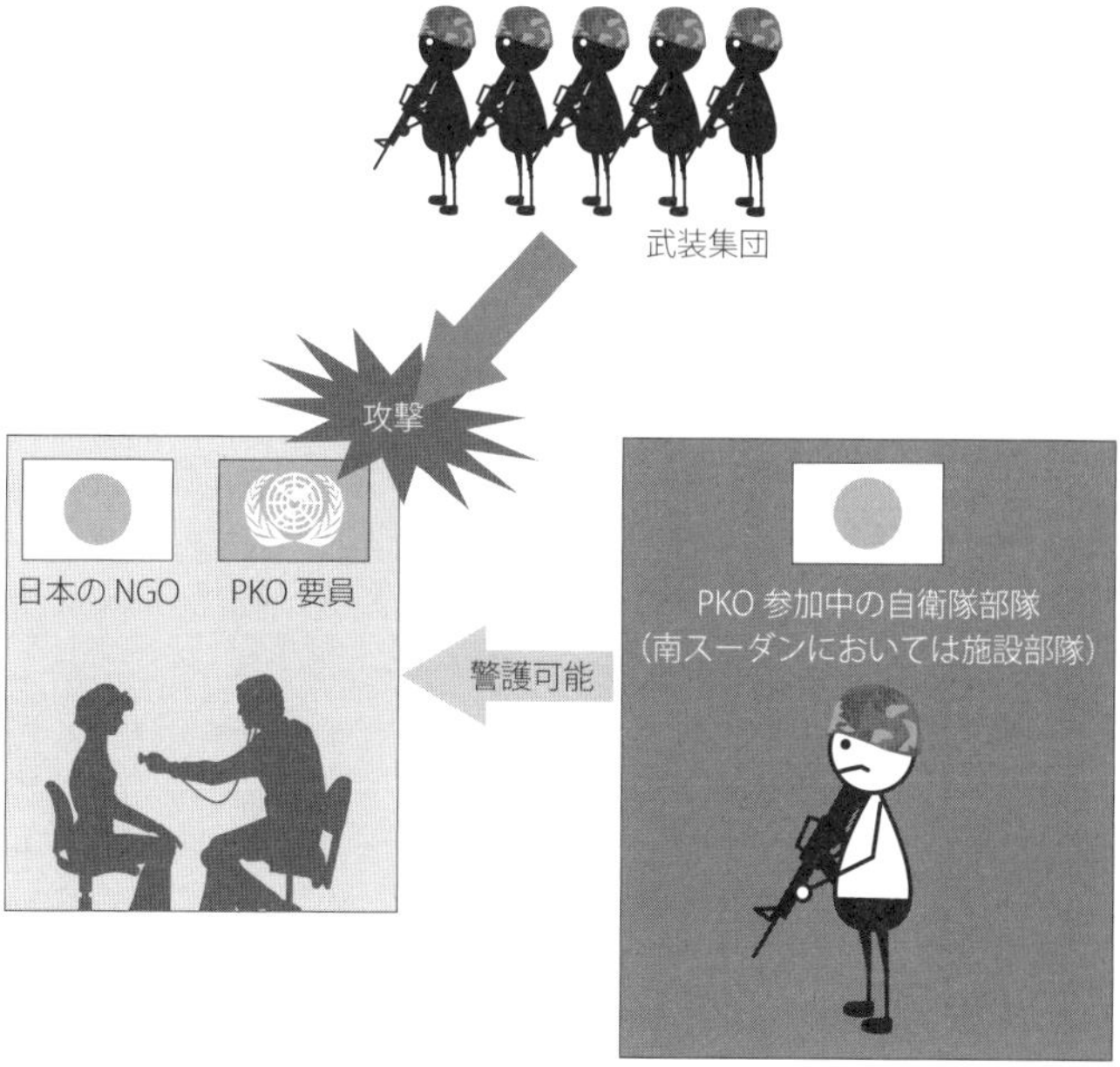

出典　首相官邸ホームページ
（https://www.kantei.go.jp/jp/headline/keigo.html）に基づいて作成

といいます。一般的な言葉でいえば「救援」ということになるでしょう。

例を挙げて考えてみよう

それでは、この駆け付け警護について、例を挙げながら考えてみましょう。

Ａさんが工事現場で交通整理をしていると、近くの路地から女性の悲鳴と助けを求める声が聞こえてきました。工事現場で作業している作業員には声が聞こえていないし、近くに警察官もいなかったため、Ａさんは大急ぎで声が聞こえた方向へと向かいました。

すると、男性が女性にナイフを向けてバッグをひったくろうとしているのが見えました。そこで、Ａさんは手に持っていた誘導灯で男に殴りかかり、見事撃退することに成功しました。

どんなときに駆け付け警護ができるの？

この例では、工事現場で交通整理をしているガードマンのＡさんが女性の悲鳴を聞きつけ、警察官を含めて他に誰も助けられそうな人がいなかったので現場に向かいますが、これは実際の駆け付け警護でも一緒です。

基本的に、ＰＫＯに参加する自衛隊の部隊に「駆け付け警護専門部隊」というのはありません。なぜなら、普通ＰＫＯ要員などが助けを求めるような事態になった際には、基本的にはその国の治安当局やその他のＰＫＯ部隊が対応するからです。

しかし、そうしたその他の部隊が対応できないとか、あるいはすぐに向かうことができないというような場合に、たまたま近くにいる自衛隊の部隊がこれに対応するというのが、この「駆け付け警護」なのです。

駆け付け警護で自衛隊は武器を使用できるの？

ふたたび例を見てみると、Ａさんはナイフを持った男に誘導灯で殴り掛かりますが、実際に自衛隊も駆け付け警護に際しては武器を使用することができます。

▼PKOに派遣される部隊は軽装甲機動車などにより駆け付け警護を実施する可能性が高い

出典　陸自第6師団HP

これまで、ＰＫＯに参加する自衛隊に認められてきた武器の使用は「自己保存型武器使用」と「武器等防護のための武器使用」でした。

このうち自己保存型武器使用は、第二章でも確認した通り自分や周りの人の命が突如危険にさらされた際に、それを守るためのものです。そのため、仮に武器使用の相手が国または国に準ずる組織であったとしても、これは憲法の禁じる武力の行使にはあたりません。

しかし、駆け付け警護の場合、そもそも自衛隊の部隊が危険にさらされているわけではなく、あえて危険なところに向かっていき、そこで武器を使用するものなので、これを純粋な自己保存のための武器使用と捉えることはできず、さらにもし相手が国または国に準ずる組織であった場合には、憲法が禁じる武力の行使に該当する可能性があったのです。

憲法問題を回避するための要件とは

このような理由から、駆け付け警護の実施にあたっては、いかに相手が国または国に準ずる組織とならないようにするかが重要なポイントとなりました。そこで、日本がＰＫＯに参加するための条件である「ＰＫＯ参加五原則」に、傍線部の規定が追加されたのです。

①紛争当事者の間で停戦の合意が成立していること。
②当該平和維持隊が活動する地域の属する国及び紛争当事者が当該国連平和維持隊の活動及び当該国連平和維持隊への我が国の参加に同意していること。
③当該国連平和維持隊が特定の紛争当事者に偏ることなく、中立的な立場を厳守すること。
④上記の原則のいずれかが満たされない状況が生じた場合には、我が国から参加した部隊は撤収することができること。
⑤武器使用は要員の生命等の防護のための必要最小限のものを基本。受入れ同意が安定的に維持されていることが確認されている場合、いわゆる安全確保業務及びいわゆる駆け付け警護の実施に当たり、自己保存型及び武器等防護を超える武器使用が可能。

受け入れ同意が安定的に維持されているということは、つまり活動先の国が日本の活動に関して同意しているということですから、仮に駆け付け警護を行うにしても、そこで抵抗してくるのは現地の武装勢力などに限られ、憲法との関係で問題が生じることはないというわけです。

過去の苦しい経験が実を結んだ駆け付け警護の規定

じつは過去にも、ＰＫＯや国際的な取り組みに参加していた自衛隊が、現地の日本人から保護を要請されたという事例は存在していました。たとえば、二〇〇二年にオーストラリアの上に位置する島国東ティモールでＰＫＯ活動に参加していた自衛隊が、現地の日本人関係者から保護の要請を受けました。しかし、この時は駆け付け警護に関する法律の規定がないため、何とか別の規定をやりくりして救援に駆け付けることとなったのです。

つまり、法律の規定がないということは、当然ＰＫＯにおいて自衛隊に駆け付け警護の任務が付与されること自体想定されていません。従って、東ティモールのケースのようにＰＫＯに参加する自衛隊に対して急に保護の要請がきたとき、訓練すらやったことのない措置を現地で突然実施しなければならなかったわけです。

こうした苦い経験を踏まえて、二〇一五年の平和安全法制の一環である国際平和協力法の改正によって規定されたのがこの駆け付け警護の規定なのです。

ここがポイント！

①ＰＫＯに参加している国の要員やＮＧＯ職員などが暴徒などに襲撃された場合に、これを自衛隊が救出することを「駆け付け警護」という。
②駆け付け警護は専門部隊が実施するのではなく、他に対応できる部隊が存在しないなど非常に限定的な場合に近くにいる自衛隊の部隊が対応するもの。
③駆け付け警護において認められる武器使用は自己保存型武器使用にはあたらないため、憲法上の問題を生じないように厳しい要件が課されている。

▼参考：国際平和協力法第三条五号ラ

「ヲからネまでに掲げる業務又はこれらの業務に類するものとしてナの政令で定める業務を行う場合であって、国際連合平和維持活動、国際連携平和安全活動若しくは人道的な国際救援活動に従事する者又はこれらの活動を支援する者（以下このラ及び第二十六条第二項において「活動関係者」という。）の生命又は身体に対する不測の侵害又は危難が生じ、又は生ずるおそれがある場合に、緊急の要請に対応して行う当該活動関係者の生命及び身体の保護」

▼参考：国際平和協力法第二十六条二項

「前条第三項（同条第七項の規定により読み替えて適用する場合を含む。）に規定するもののほか、第九条第五項の規定により派遣先国において国際平和協力業務であって第三条第五号ラに掲げるものに従事する自衛官は、その業務を行うに際し、自己又はその保護しようとする活動関係者の生命又は身体を防護するためやむを得ない必要があると認める相当の理由がある場合には、その事態に応じ合理的に必要と判断される限度で、第六条第二項第二号ホ（2）及び第四項の規定により実施計画に定める装備である武器を使用することができる。」

第四章

自衛隊はこれからどうなっていくの？

4-1 自衛隊はこれからどうやって日本を守るの？

現在、日本を取り巻く安全保障環境は一層厳しさを増してきています。たとえば、北朝鮮は弾道ミサイル技術をどんどん向上させてきていますし、何より未だに核兵器の開発と配備を進めています。

また、海洋進出を強める中国は、海軍力や空軍力、さらには迎撃が難しいミサイルの開発と配備などを次々に進めています。こうした状況下で、自衛隊は一体どのようにして日本を防衛するのでしょうか。

これまでの日本の防衛力整備

これまで、自衛隊は「**統合機動防衛力**」というコンセプトに基づいて防衛力を整備してきました。統合機動防衛力とは、陸・海・空自衛隊の統合運用の考え方をより徹底し、さまざまな事態への即応性や持続性、演習や訓練などを通じた能力の強化と関係省庁や自治体などとの連携を重視することにより、さまざまな事態にシームレスかつ臨機応変に対応して機動的に活動できる実効的な防衛力の構築を目指すというものでした。

これをまとめると、平時から有事にかけてのさまざまな事態に対応するために、陸・海・空自衛隊の統合運用を強化し、訓練などを通じて自衛隊の能力を強化し、そして防衛省を含む省庁と地方自治体などとの間の連携を強化していくというコンセプトということになります。

時代は多次元統合防衛力へ

しかし、二〇一八年末に策定された、今後おおむね十年間の日本の防衛計画について定めた「平成三十一年度以降に係る防衛計画の大綱（三〇防衛大綱）」においては、今後日本を防衛するためには、これまでの陸・海・空という領域のみならず、それに加えて宇宙・サイバー・電磁波という新領域においても優位を獲得しなければならないという考え方が示されました。

たとえば、自衛隊が戦うためには、今や通信衛星による長距離の通信はもちろんのこと、ミサイルや爆弾の誘導にはＧＰＳ衛星が欠かせませんし、自衛隊のさまざまなシステムは常にサイバー攻撃の脅威にさらされているため、これを防護しなければなりません。さらに、敵のレーダーや無線通信を妨害したり、あるいは逆探知して敵の位置を特定したり、逆に敵による妨害や逆探知から自衛隊の装備品を防護しなければならない、ということです。

そこで、こうした新領域での防衛を確実なものとし、かつどこかの領域単体で見れば自衛隊が敵に対して劣勢であっても、宇宙・サイバー・電磁波という新たな領域における能力を組み合わせる「領域横断（クロス・ドメイン）」作戦によって、全体としてみた場合の優勢を獲得することにより、平時・グレーゾーン事態・有事にかけて、敵の攻撃に有効に対処するという考えが打ち出されました。これが、現在自衛隊が整備を進めている「**多次元統合防衛力**」です。

それでは、この多次元統合防衛力に従って、陸上・海上・航空自衛隊の新領域も含めた体制整備はそれぞれどうなっているのでしょうか。

陸上自衛隊

（1）より素早く全国へと展開可能に

これまで陸上自衛隊は、多次元統合防衛力の前身である統合機動防衛力の考えに照らして、部隊を素早く機動させる体制の構築を進めてきました。

たとえば、水陸両用装甲車や上陸用舟艇を使って海から上陸し、敵に奪われた島を奪還するための専門部隊である水陸機動団を創設し、さらに、重たくて運びづらい戦車の代わ

▼16式機動戦闘車

出典　陸上自衛隊第6師団HP

▼ネットワーク電子戦システム（NEWS）の構成車両の一つ

筆者撮影

りにフットワークの軽い16式機動戦闘車を運用し、陸路・海路・空路から素早く日本全国に展開できる即応機動連隊を編成しました。

(2) 新領域での対応もばっちり

これに加えて、今後は敵のレーダーや通信を妨害できる「**ネットワーク電子戦システム（NEWS）**」の配備やサイバー作戦部隊の新編など、多次元統合防衛力の考えに照らした新たな能力の獲得を目指していくことになります。

(3) ゲームチェンジャーとなる「島しょ防衛用高速滑空弾」

さらに、既存の領域においても陸上自衛隊は大きな変革を迎えることになります。それが、これまで自衛隊が運用したことのない新装備、「**島しょ防衛用高速滑空弾**」です。

これは、もし離島が敵に占領された場合、それを敵の攻撃が届かないような遠く離れた別の島から攻撃するための装備で、弾頭をロケットブースターにより上昇・加速させたのちに滑空させ、最終的には敵の攻撃をかわしながら音速を超える速度で目標を攻撃するというものです。速度が速いということは、当然発射してから命中するまでの時間が短いということですので、敵に逃げる隙を与えないのがこの装備の大きなポイントです。

これを活かして、将来的にはこれをさらに発展させて移動する敵の艦艇を攻撃するという構想もあります。

海上自衛隊

海上自衛隊は、北朝鮮の弾道ミサイル対応から中国の海洋進出に至るまで、平時から幅広い事態への対応を担っています。しかし、中国の海洋進出や海軍力の強化を踏まえ、海上自衛隊は新しい時代へと突入しています。

（1）海自最大の護衛艦「いずも」型の改修

たとえば、東シナ海や太平洋側での防空、さらには海外での日本のプレゼンス（存在感）誇示も見据えて、「いずも」型護衛艦に航空自衛隊が導入するステルス戦闘機F-35Bの搭

図4-1 島しょ防衛用高速滑空弾

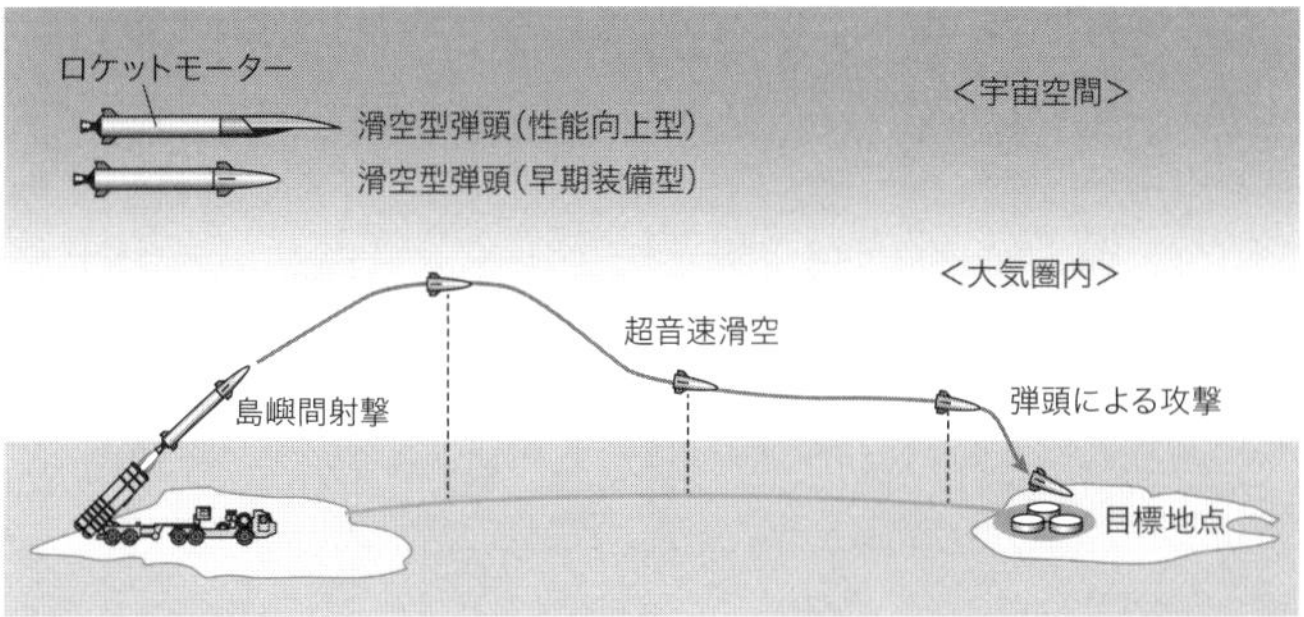

出典 防衛装備庁HP

載能力が付与されることが決定しました。また、航空自衛隊だけではなく、アメリカ海兵隊が山口県岩国基地に配備しているF-35Bの緊急時の受け入れ拠点として機能することなども期待されています。

（2）イージス艦戦力も大幅増強

また、イージス艦の戦力も、これまでの「こんごう」型イージス艦四隻と、「あたご」型二隻の計六隻体制から、これに新たに就役した「まや」と、二〇二一年に就役予定の「はぐろ」が加わり、計八隻体制へと大幅に増強されます。

さらに、敵の弾道ミサイルを迎撃するいわゆる「弾道ミサイル防衛（BMD）」能力についても大きく強化されます。というのも、これまでは「こんごう」型にしか付与されていなかったこの能力が、現在では改修によって「あたご」型にも追加されたほか、「まや」と「はぐろ」にはそもそも就役当初から付与されているのです。

つまり、日本を弾道ミサイルから防衛するイージス艦の数は今後四隻から八隻へと増強

▼護衛艦「いずも」

出典　海上自衛隊HP

▼護衛艦「まや」

出典　海上自衛隊HP

されることになるわけです。

(3) 新種の艦艇なども続々登場

さらに、海上自衛隊には新たに沿岸域での機雷戦や対地支援を担う三九〇〇トン型護衛艦（三〇ＦＦＭ）や、平時において他国艦艇の監視を行う哨戒艦、さらには無人機なども順次導入されることになっていて、今後の海上自衛隊には日本周辺の安全保障環境を踏まえた大きな変革が予想されます。

航空自衛隊

(1)「宇宙作戦隊」が新編

航空自衛隊には、上記の多次元統合防衛力にとって大きな役割を担う部隊が二〇二〇年の四月に新編されました。それが、「**宇宙作戦隊**」です。

▼宇宙作戦隊のシンボルマーク

出典　航空自衛隊HP

といっても、ＳＦ映画のように宇宙空間で戦闘を行う部隊ではありません。宇宙作戦隊は、地上に設置されたレーダーや光学センサーによって宇宙ゴミや他国の不審な衛星の動向を監視し、もし自衛隊が使用する衛星にそうした脅威が迫ってきた場合には回避を指示するなど、平時から有事にかけての自衛隊による宇宙空間の安定的な利用を確保するための部隊です。

一見地味なように思われるかもしれませんが、中国やロシアは実際に宇宙空間の衛星を破壊したり妨害したりする能力を開発中で、この宇宙作戦隊の責任は非常に重大なのです。

(2) 最新鋭戦闘機の導入と既存機のアップグレード

また、運用する戦闘機に関しても大きな変化を迎えます。まず、すでに導入を開始しているステルス戦闘機Ｆ-35Ａに加えて、より短い場所で離着陸を行うことができるタイプのＦ-35Ｂも導入することが決定されました。

▼アメリカ海兵隊のF-35B

出典　https://www.dvidshub.net/

▼近代化改修が行われるF-15J

出典　航空自衛隊HP

F-35Bの特徴は全長数百メートルというわずかな空間で離着陸を行うことが可能という点で、これは大きな基地や空港がない離島での運用や、あるいは滑走路が破壊されてしまった場合には欠かせない能力です。

さらに、これまで長年にわたり日本の防空を支えてきたF-15戦闘機に関しても、その一部を最新バージョンにアップグレードするための改修を行うことが決定されており、具体的にはレーダーや電子戦装置、通信装置や運用可能な兵器が大幅にアップグレードされることが予定されています。

(3) 新型早期警戒機導入で海上自衛隊との連携も強化

また、現在航空自衛隊が運用している早期警戒機（大きなレーダーを搭載した航空機で、いわばレーダーサイト）E-2Cの能力向上型である**E-2D**の導入も注目です。E-2DはE-2Cと比較してレーダーの探知性能が大きく向上しているほか、海上自衛隊のイージス艦などとレーダーに関するデータをやり取りできるデータリンクシステムも搭載されていることから、海上自衛隊との連携強化も期待されます。

4-2 自衛隊はアメリカ軍とだけ活動しているの？

これまで、日本の安全は自衛隊と日米同盟によって確保されてきました。しかし、中国や北朝鮮の脅威が高まる中で、こうした従来の体制だけではなく、自由、民主主義、基本的人権の尊重や法の支配といった普遍的価値を共有している国々との連携を強化することによって、この地域全体の安全を確保しようという動きが出てきています。

「自由で開かれたインド太平洋戦略」とは

二〇一六年から、当時の安倍政権は対外政策の中核として「**自由で開かれたインド太平洋戦略**」というものを掲げてきました。

これは、太平洋地域とインド洋地域における自由と秩序を確保することによりアジアとアフリカを結びつけようという戦略です。

具体的には、法の支配や航行の自由、経済的な連携などを柱に、東アジアを起点として南アジアから中東、そしてアフリカに至るまでの一帯の地域において、インフラ整備、貿易・投資、ビジネス環境整備、開発、人材育成、テロ対策支援などを展開しつつ、アフリカ諸国に対して、国内の開発や政治的な側面も含めた国造り支援を行っていくという内容です。

この「自由で開かれたインド太平洋戦略」は、アメリカやその同盟国、友好国の間でも広く受け入れられ、それを背景として各国と日本との連携が進化してきていますが、ここではとくにイギリス・オーストラリア・カナダとの間の連携強化について見ていきたいと思います。

イギリス

近年、日本はイギリスとの安全保障に関する協力関係を大きく発展させています。たとえば、二〇一四年五月の日英首脳会談において、両首脳は、安全保障分野の協力強化のため、日英間での**「外務・防衛閣僚会合（いわゆる『2＋2』）」**の開催や、イギリス軍と自衛隊との間での補給などに関する手続きを簡素化する「物品役務相互提供協定（ＡＣＳＡ）」の交渉開始などを決定しました。

その後、二〇一七年一月に日英間でＡＣＳＡの署名が行われ、同年八月にこれが発効しました。この日英ＡＣＳＡの発効により、共同訓練や大規模災害対処などにおいて、自衛隊とイギリス軍との間で、水・食糧・燃料などの物品や役務の提供を統一的な手続により相互に提供しあうことが可能となり、自衛隊とイギリス軍との連携がしやすくなったのです。

また、この間に開催された「2＋2」において、日英間での防衛装備に関する技術協力や、自衛隊とイギリス軍との共同訓練の推進などが確認され、実際に現在両国はミサイルを含めた装備品の開発に関して協力関係を深めています。

こうした政治・外交面での連携強化を受けて、防衛当局間での連携も強まってきています。

たとえば、二〇一八年八月にはイギリス海軍の揚陸艦「アルビオン」が東京の晴海ふ頭に寄港し、艦内を一般公開するとともに、海上自衛隊と本州の南方海域において共同訓練を実施したほか、同年十二月に今度はイギリス海軍の23型フリゲート「アーガイル」が晴海ふ頭に寄港し、その後海上自衛隊最大の護衛艦である「いずも」、およびアメリカ海軍の艦艇と共に日英米共同訓練を実施しました。さらに、二〇一九年三月には同じく23型フリゲート「モントローズ」が晴海ふ頭に寄港しています。

▼晴海ふ頭に寄港した「モントローズ」

筆者撮影

共同訓練を実施したのは海上自衛隊だけではありません。二〇一八年九月には、陸上自衛隊とイギリス陸軍も日本国内では初めてとなる共同訓練「ヴィジラント・アイルズ」を実施しています。

また、二〇一九年五月に防衛省で日米英幕僚級協議が行われたのに引き続き、同年十一月には海上自衛隊の山村幕僚長が訪米し、イギリス海軍の空母「クイーンエリザベス」艦上において、ギルデイ米海軍作戦本部長、ラダキン英第1海軍卿とともに**日米英三カ国海軍種参謀長級協議**を実施しました。そして、ここでは海洋秩序を維持し、国際社会をリードする役割を果たすための協力深化の方向性について三者間での意見交換を実施し、共同声明を発出しました。

▼日米英三カ国海軍種参謀長級協議時の記念撮影。左から、ラダキン英第1海軍卿、山村海上幕僚長、ギルデイ米海軍作戦本部長

出典　海上自衛隊HP

オーストラリア

太平洋に面し、同じくアメリカの同盟国であるオーストラリアと日本の関係も特別なものとなってきています。まず、日本はオーストラリアを「特別な戦略的パートナー」として位置づけており、日豪ＡＣＳＡに加え、二〇一三年**に発効した日豪情報保護協定（ＩＳＡ）や、二〇一四年に発効した日豪防衛装備品・技術移転協定**といった幅広い協定を締結しています。

さらに、二〇一九年十一月には当時の河野防衛大臣がレイノルズ国防大臣との間で防衛相会談を実施し、そこでインド太平洋地域の安全保障環境が不安定になりつつある中で、日本とオーストラリアとの間の協力をさらに強化し、今後は部隊交流や人的交流、宇宙・サイバーおよび防衛科学技術を含むさまざまな分野における協力を加速させることや、自衛隊とオーストラリア軍との間の共同運用や訓練を円滑化させるべく、さまざまな手続を相互にスムーズに進めるための協定を結ぶために尽力することが確認されました。

自衛隊とオーストラリア軍の関係も深化してきています。まず、二〇一九年九月から十月にかけて、航空自衛隊は千歳基地などにおいて日本国内では初となる戦闘機による日豪共同訓練「武士道ガーディアン19」を実施し、さらに同月にはオーストラリア空軍のKC-30A空中給油機が小牧基地に初めて展開し、日豪の空中給油・輸送機部隊間での交流を実施しました。

また、陸上自衛隊はオーストラリアで開催されている二つの大規模演習「タリスマン・セイバー」と「サザン・ジャッカルー」に最近では毎回参加しています。なかでも、二〇一九年に開催された「タリスマン・セイバー19」では、陸上自衛隊の水陸機動団が参加し、水陸両用装甲車などを使って一緒に参加したアメリカ軍と共に大規模な上陸訓練を実施しました。

▼サザン・ジャッカルーに参加した陸上自衛隊と米海兵隊が閉会式でダルマを手に記念撮影

出典　https://www.dvidshub.net/

▼海上自衛隊演習に参加したフリゲート「パラマッタ」

出典　海上自衛隊HP

さらに、二〇一九年十一月には、二年に一度実施される海上自衛隊の一大演習である「海上自衛隊演習」に、オーストラリア海軍のアンザック級フリゲート「パラマッタ」とホバート級イージス艦「ホバート」が参加し、海上自衛隊との関係をさらに深化させました。

カナダ

カナダも、近年日本との関係を急速に強化している国の一つです。二〇一九年には日加ACSAが発効したことに加え、二〇一九年六月には当時の岩屋防衛大臣が、訪日したカナダのサージャン国防大臣と三年ぶりとなる日加防衛相会談を実施し、二国間の防衛協力をさらに推進していくことで合意しました。

さらに、二〇一九年十月十六日から十一月十八日にかけて、陸上自衛隊の湯浅幕僚長が、カナダの首都オタワとキングストンを訪問し、カナダ陸軍司令官のウェイン・エアー中将と会談し、日本とカナダとの間での将来的な演習へのオブザーバー派遣などについて議論されました。ちなみに、陸上幕僚長が公式にカナダを訪問したのはこれが初めてのことです。

▼カナダのエアー中将と会談する湯浅陸幕長

出典　カナダ大使館

▼2019年11月、海上自衛隊呉基地に入港するフリゲート「オタワ」

筆者撮影

また、二〇一八年十一月にカナダ海軍のハリファックス級フリゲート「カルガリー」と補給艦「アステリクス」が横須賀基地に寄港したのを皮切りに、二〇一八年から二〇一九年にかけて、カナダ海軍は延べ五隻の艦艇を日本に寄港させました。さらに、海上自衛隊はカナダ海軍と各地で積極的に共同訓練を実施しています。

たとえば、二〇一九年六月には、海上自衛隊の護衛艦「いずも」「むらさめ」「あけぼの」が、ベトナム沖の海域においてカナダ海軍のフリゲート「レジャイナ」と補給艦「アステリクス」と、そして同年十月には、護衛艦「しまかぜ」と「ちょうかい」が、関東南方沖の海域において、カナダ海軍のフリゲート「オタワ」とそれぞれ日加共同訓練を実施しました。

ちなみに、この日加共同訓練の名前は「**KAEDEX（カエデックス）**」といいますが、これはカナダの国旗にも描かれている「メープルリーフ」と、日本語の「カエデ（メープルのこと）」をかけた名前となっています。

このように、日本は現在さまざまな国と協力してインド太平洋地域に平和と安定、そして秩序をもたらそうとしているのです。

おわりに（謝辞）

内閣府が三年に一度実施している、ある興味深い世論調査があります。その名も「自衛隊・防衛問題に関する世論調査」です。この調査の目的は「自衛隊・防衛問題に関する国民の意識を把握し、今後の施策の参考とする」ことで、最新の調査は二年前の二〇一八年一月に実施されました。質問項目は多岐に渡りますが、私が目を引かれたのは、「あなたは自衛隊にどのような役割を期待しますか」という質問とその結果です。最も多かった回答は「災害派遣（災害の時の救援活動や緊急の患者輸送など）」で、その割合は七九・二％、続いて「国の安全の確保（周辺海空域における安全確保、島嶼部に対する攻撃への対応など）」で、その割合は六〇・九％というものでした。

たしかに、考えてみれば日本国内で一般の人々が自衛隊の姿を目にするのは災害派遣が圧倒的に多く、被災地における自衛隊の活躍がテレビで報じられるほか、最近ではＳＮＳ

の普及によって、さまざまな被災地の現場で活躍する自衛官の姿を目にする機会が多くなってきたことは間違いありません。しかし、本書でも触れたとおり、災害派遣は自衛隊の任務の一つとはいえ、あくまでも自衛隊の主たる任務は創設当時から一貫して「我が国の防衛」なのです。

この、何とも言えないもやもやとした違和感が、本書を執筆しようとしたきっかけでした。

本書では、今の自衛隊には何ができるのかを中心に、主に法的な観点から自衛隊を解説しました。自衛隊という組織はいったい何をする組織なのか、そして何ができる組織なのかを少しでも感じ取っていただけたなら、著者としてこれほどうれしいことはありません。本書が、自衛隊への幅広い理解が広まる一助となれば幸いです。

さて、私にとって、本書は初めての本格的な単著となります。ここに至るまで、私は本当に多くの方々から数多くの厚いご支援をいただいてきました。まず、私が軍事や安全保障の世界について触れるきっかけとなる専門番組「週刊安全保障」を立ち上げられたフジテレビ報道局の能勢伸之上席解説委員には、番組の姿勢やその後のさまざまな交流を通じて、軍事や安全保障というテーマに対してどのようにアプローチをするべきか、その基本を教えていただきました。

また、軍事ライターの竹内修さんには、私が軍事ライターになるにあたって数多くのご助言をいただいたのみならず、さまざまな媒体や防衛関係者の方々をご紹介いただいたことによって、私がこの業界で活動するための土台を築いていただいたと同時に、この社会では人と人とのコミュニケーションが最も重要であるということを深く学ばせていただきました。

さらに、公私ともに大変お世話になっている軍事フォトグラファーの菊池雅之さんには、その長年の取材経験に裏打ちされた自衛隊に関する知見とともに、自衛隊は装備だけではなく「人」が動かしているという基本的ながらも忘れられがちなポイントや、取材する際の姿勢など、防衛省・自衛隊に関するさまざまな事柄について学ばせていただきました。

それから、本書の執筆にあたって、至らぬ点ばかりの私を、手取り足取り全力でサポートしていただいた秀和システムの平野孝幸第二編集局長には、本当に感謝の言葉しかありません。

そしてなにより、大学の学部生時代から現在に至るまで、専修大学法学部の森川幸一教授には、国際法の基礎に始まり、私の研究テーマである武力行使や自衛権に関する発展的な内容、そしてそれぞれの資料の読み方や研究に対する姿勢に至るまで、ありとあらゆる事柄に関するご指導を賜りました。森川教授のご指導なくして、本書の執筆はあり得ませんでした。

この場をお借りして、皆様に厚く御礼申し上げます。

二〇二〇年九月　稲葉　義泰

た行

な行

索引

稲葉　義泰（いなば　よしひろ）
国際法・防衛法政研究者、軍事ライター

専修大学在学中の2017年から軍事ライターとしての活動を始める。

現在は同大学院に進学し、主に国際法や自衛隊法などの研究を進める一方、『軍事研究』や『丸』等の軍事専門誌で自衛隊の活動に関する法的側面からの記事を多数寄稿している。

また、大手ウエブニュースサイト「乗りものニュース」にも法的見地から軍事に関する記事を多数寄稿するほか、2019年からはフランスを拠点とする海外の大手軍事ニュース媒体「Naval News」に日本人として初めて執筆中。

Twitter
@japanesepatrio6

カバーデザイン、図2-4、図3-9　たいらさおり

ここまでできる自衛隊《じえいたい》
国際法《こくさいほう》・憲法《けんぽう》・自衛隊法《じえいたいほう》ではこうなっている

発行日　2020年 10月 18日　第1版第1刷
　　　　2022年　8月 15日　第1版第3刷

著　者　稲葉《いなば》　義泰《よしひろ》

発行者　斉藤　和邦
発行所　株式会社　秀和システム
〒135-0016
東京都江東区東陽2-4-2　新宮ビル2F
Tel 03-6264-3105（販売）　Fax 03-6264-3094
印刷所　三松堂印刷株式会社

ISBN978-4-7980-6334-8 C0031